Untersuchungen an Kältemaschinen

verschiedener Systeme.

Zweiter Bericht

an den Ausschufs des Polytechnischen Vereins
zu München.

München und Leipzig.
Druck und Kommissions-Verlag von R. Oldenbourg.
1890.

Vergleichende Versuche an Kältemaschinen

ausgeführt

in der Versuchsstation des Polytechnischen Vereins
zu München.

Im Auftrag der Prüfungskommission

veröffentlicht von

M. Schröter,
o. Professor der theoretischen Maschinenlehre an der Technischen Hochschule zu München.

Mit 5 Lichtdruckbildern und 21 Diagrammtafeln.

München und **Leipzig.**
Druck und Kommissions-Verlag von R. Oldenbourg.
1890.

Vorwort.

Die vom Ausschufs des Polytechnischen Vereins in München niedergesetzte Kommission zur Untersuchung von Kältemaschinen übergibt hiermit die Ergebnisse der ersten, in der Versuchsstation des genannten Vereins ausgeführten Untersuchungen der Öffentlichkeit. Dieselben beziehen sich auf zwei Kompressionsmaschinen, System Linde und System Pictet, und enthalten sämtliche, in den Versuchsprotokollen niedergelegte Beobachtungswerte nebst den daraus berechneten Schlufsergebnissen in graphischer und tabellarischer Zusammenstellung; die kritisch-wissenschaftliche Verarbeitung bleibt bis zu dem Zeitpunkt vorbehalten, wann, wie zu hoffen steht, die Untersuchungen auf andere Systeme von Kältemaschinen ausgedehnt sein werden.

Die Bearbeitung erfolgte im Auftrage der Kommission durch den Berichterstatter im Verein mit den Herren Dr. Graetz, Privatdozent an der k. Universität und Dr. Voit, Professor an der k. technischen Hochschule.

Inhalt.

Einleitung.

Unterm 7. Juni 1888 richtete die Gesellschaft für Lindes Eismaschinen in Wiesbaden an den Ausschufs des Polytechnischen Vereins in München ein Schreiben folgenden Inhalts:

An den verehrlichen Ausschufs
des Polytechnischen Vereins in München!

Die Untersuchungen an Kältemaschinen, welche auf unsere Anregung durch die von dem verehrlichen Ausschufs hierzu niedergesetzte Kommission ausgeführt worden sind, haben zwar wertvolle Ergebnisse [1]) gehabt, indessen können dieselben nicht als abgeschlossen gelten, sondern nur als ein erster Versuch zur experimentellen Beantwortung einer Reihe von Fragen, an welchen Wissenschaft und Industrie regen Anteil nehmen.

Als eine spezielle Schwierigkeit stellt sich bei solchen Untersuchungen die Verschiedenheit der äufseren Bedingungen dar, unter welchen die zu untersuchenden Maschinen sich befinden. Soll insbesondere ein ganz einwandfreier Vergleich der Leistungen verschiedener Maschinensysteme durchgeführt werden, so erscheint es von der gröfsten Bedeutung, dafs für Produktion und Konsum ganz gleiche Verhältnisse zu Grunde liegen, also einerseits gleiche Art und Gröfse der Kälteproduktion

---

[1]) Im Buchhandel erschienen unter dem Titel: »Untersuchungen an Kältemaschinen verschiedener Systeme«, Erster Bericht an den Ausschuss des polytechnischen Vereins zu München erstattet von M. Schröter. München und Leipzig, R. Oldenbourg 1887.

und andrerseits gleiche Quellen für die Zuführung von Dampf- und von Kühlwasser.

Die Herstellung solcher Gleichartigkeit wird aber nur dann gelingen, wenn eine ad hoc gebaute und eingerichtete Anlage, d. i. eine spezielle Versuchsstation zur Verfügung steht.

Eine beglaubigte Konstatierung der wahren Leistungsverhältnisse der verschiedenen Systeme von Kältemaschinen erscheint uns nun so wichtig, daſs wir unsere diesfallsigen mannigfachen Bemühungen fortsetzen wollen und daſs wir in Gemeinschaft mit der Maschinenfabrik Augsburg in Augsburg bereit sind, alle zur Errichtung und zum Betrieb einer solchen Versuchsstation für Kältemaschinen erforderlichen Geldmittel zur Verfügung zu stellen, wenn eine Ansehen und Vertrauen genieſsende Korporation von Vertretern der Wissenschaft und der Industrie die Leitung und Durchführung eines solchen Unternehmens in die Hand zu nehmen geneigt ist, um den vorzunehmenden Arbeiten und deren Resultaten diejenige Korrektheit und Glaubwürdigkeit zu sichern, auf welcher allein ihr Wert beruht.

In diesem Sinne erlauben wir uns, an den verehrlichen Ausschuſs den ergebenen Antrag zu stellen:

Der Ausschuſs des Polytechnischen Vereins möge beschlieſsen, in München eine Versuchsstation für Kältemaschinen zu errichten und für die Dauer von etwa zwei Jahren zu betreiben auf Grund eines »allgemeinen Programms«, für welches wir uns gestatten, den nachstehenden Entwurf zu geneigter Prüfung vorzulegen.

(Der Entwurf stimmt mit dem auf S. 3 mitgeteilten Programm bis auf unwesentliche redaktionelle Änderungen wörtlich überein).

Indem wir den verehrlichen Ausschuſs um eine geneigte Entschlieſsung über unsern Antrag ganz ergebenst bitten, zeichnen wir mit vorzüglicher Hochachtung

Gesellschaft für Lindes Eismaschinen
Linde, Vorstand.

In der Plenarversammlung des Ausschusses vom 13. Juni 1888 wurde einstimmig beschlossen, diesem Antrag Folge zu geben, und eine Kommission gebildet aus den Herren:

Direktor Aubry, Vorstand des Polytechnischen Vereins,
Kommerzienrat Joh. Sedlmayr,
Professor Dr. Voit,
Professor Schröter,

mit dem Auftrage, den Programmentwurf zu beraten und dem Ausschuſs in Vorlage zu bringen. Das Ergebnis war die in fast unveränderter Fassung erfolgte Annahme des im folgenden wörtlich mitgeteilten allgemeinen Programms.

Der Ausschuss des Polytechnischen Vereins in München hat in seiner Plenarversammlung vom 13. Juni 1888 beschlossen, in München eine Versuchs-Station für Kältemaschinen zu errichten und für die Dauer von etwa zwei Jahren zu betreiben, welchem Unternehmen folgendes

allgemeine Programm

zu Grunde gelegt ist:

1. Der Ausschuſs des Polytechnischen Vereins in München übernimmt die geschäftliche Leitung einer „Versuchs-Station für Kältemaschinen in München“ und ernennt eine „Prüfungs-Kommission“, bestehend aus mindestens sieben Mitgliedern.

2. Dieser Prüfungs-Kommission obliegt die technische Durchführung des Unternehmens, sowohl hinsichtlich der Errichtung der Versuchs-Station, als insbesondere hinsichtlich der auszuführenden Untersuchungen und Messungen. Drei Mitglieder der Kommission sollen aus den Lehrkörpern der mechanischen Abteilungen auswärtiger Hochschulen im Deutschen Reiche gewonnen werden. Der Vorsitzende der Kommission wird aus den in München ansässigen Mitgliedern gewählt.

Der Vorstand des Polytechnischen Vereins in München gehört der Kommission statutengemäſs an.

3. Die Gesellschaft für Lindes Eismaschinen in Wiesbaden und die Maschinenfabrik Augsburg in Augsburg verpflichten sich, dem Ausschusse des Polytechnischen Vereins in München zur Verfügung zu stellen:

A) Ein in München belegenes, von der Prüfungs-Kommission geeignet befundenes Grundstück zur Erbauung der Station.

B) Die erforderlichen Geldmittel zur Herstellung der nach Angabe und unter Kontrolle der Prüfungs-Kommission auszuführenden Lokalitäten und Einrichtungen, bestehend aus:

a) einer Maschinenhalle mit Raum zur gleichzeitigen Aufnahme von je vier Kältemaschinen mit Zubehör, in der sub 6 festgesetzten Leistungsgröſse;

b) einem Kesselhause mit zwei Dampfkesseln, je von der zur Bedienung einer Kältemaschine erforderlichen Gröſse, samt Dampfleitung;

c) einem Brunnen mit einer Dampfpumpe zur Förderung der je für zwei Kältemaschinen erforderlichen Kühlwassermenge, sowie Wasser-Zu- und Ableitungen.

C) Die zur Unterhaltung der Gebäude und Einrichtungen, zur Honorierung der Prüfungs-Kommission — vorbehaltlich deren Deckung gemäſs der Bestimmung ad pos. 7 — zur Besoldung des nötigen Personals und überhaupt zum Betriebe erforderlichen Geldmittel für die Dauer von zwei Jahren, vom Tage der Inbetriebsetzung an gerechnet, nach deren Ablauf die Station an die vorgenannten Firmen zurückfällt.

4. Der Ausschuſs des Polytechnischen Vereins in München wird nach Ernennung und Konstituierung der Prüfungs-Kommission und nach Erledigung der nötigen Vorarbeiten die deutschen Lieferanten von Kältemaschinen möglichst bald zu einer „Ausstellung und Prüfung von Kältemaschinen" in der Versuchs-Station für Kältemaschinen in München einladen

und für die Anmeldungen eine geeignete Frist festsetzen. Nach Ablauf dieser Frist wird die Prüfungs-Kommission unter Anhörung der von den Ausstellern etwa geäufserten Wünsche und Bemerkungen das „Specielle Programm für die Ausstellung und Prüfung von Kältemaschinen in München" festsetzen. Allen Verhandlungen und Arbeiten der Prüfungs-Kommission darf je ein Vertreter eines jeden Ausstellers beiwohnen, welchem nur eine beratende Stimme zusteht.

5. Zur Ausstellung und Prüfung können Kältemaschinen auch seitens der Abnehmer, resp. Besitzer zur Verfügung gestellt werden.

6. Zur Ausstellung und Prüfung sind nur solche Kältemaschinen zuzulassen, welche für Abkühlung einer Salzlösung eingerichtet und so dimensioniert sind, dafs sie bei den für den industriellen Gebrauch wichtigen Temperaturen und bei normalem Betriebe ca. 50000 bis 60000 Kalorien Kälte pro Stunde produzieren.

Es hat sich später herausgestellt, dafs der in § 6 gewählte Ausdruck „bei normalem Betrieb" zu einer Auffassung Anlafs gegeben hat, die von derjenigen abweicht, welche beim Entwurf dieses Programms zu Grunde gelegen hat. Die Kommission hat daher in einer Sitzung vom 19. November 1889 beschlossen, zur Vermeidung jeden Mifsverständnisses folgenden Nachtrag zu § 6 aufzunehmen:

Nachtrag zu § 6.

Unter „normalem Betrieb" ist der Betrieb mit derjenigen Tourenzahl verstanden, bei welcher die Maschine mit normaler Refrigeratorfläche von 66 qm bei Abkühlung von —2 auf —5 ° mindestens 50000 Kalorien Kälte produziert. Die in § 2 des speciellen Programms genannten, für alle Maschinen obligatorischen Versuche sind sämtlich mit der so definierten, konstanten Tourenzahl durchzuführen.

7. Den Ausstellern werden zur Verfügung gestellt:

Der zur Aufstellung erforderliche Raum in der Maschinenhalle und der Anschlufs an die Dampf- und Wasserleitungen;

alle sonstigen Erfordernisse, wie Fundamente, Dampfmaschinen und Transmissionen haben die Aussteller selbst zu beschaffen. Auch haben sie die für Untersuchungen ihrer Maschinen entfallenden Honorare an den Ausschufs des Polytechnischen Vereins in München zu bezahlen.

8. Die zeitliche Reihenfolge, in welcher die angemeldeten Kältemaschinen zur Aufstellung und Prüfung gelangen sollen, wird von der Prüfungs-Kommission festgesetzt werden und zwar soll hierbei die Priorität der Anmeldung entscheidend sein, insofern nicht die gleichzeitige Vertretung bestimmter Arten von Maschinen eine Abweichung hiervon wünschenswert macht.

9. Die Prüfung der Maschinen mufs sich mindestens erstrecken einerseits auf Feststellung der Kälteleistung (Kältemengen und Temperaturen) und andererseits auf Ermittlung des gleichzeitigen Verbrauchs an Dampf (von bestimmter Spannung) und an Kühlwasser (von bestimmter Temperatur).

10. Die von der Kommission festgestellten Ergebnisse der Prüfungen werden durch den Ausschufs des Polytechnischen Vereins in München der Öffentlichkeit übergeben.

Die leitenden Grundsätze des Unternehmens sind in diesem Schriftstück so klar ausgesprochen, dafs eine Erläuterung überflüssig wäre; höchstens möge die Fassung des § 6 mit einigen Worten motiviert werden. Es hat sich bekanntlich in der Praxis des Kältemaschinenbaues in stillschweigender Übereinkunft ein System herausgebildet, welches die verschiedenen Gröfsen mit Nummer I bis VI bezeichnet und es entspricht die im § 6 näher definierte Leistung der Nummer V. Da jedoch die Grenzen der einzelnen Nummern keine durchaus feststehende Norm darstellen, so wurde es vorgezogen, die Leistung in Kalorien anzugeben, in der Meinung, dafs die zur Ausstellung und Prüfung kommenden Maschinen vollständig dem Typus entsprechen sollen, wie er von den betreffenden Lieferanten in der Praxis dem Publikum angeboten wird; Maschinen von der angegebenen Leistung sind die weitaus am häufigsten zur

Verwendung kommenden und über die „für den industriellen Gebrauch wichtigen Temperaturen“ kann auch kein Zweifel bestehen — sie liegen zwischen 0 und — 6° und die im speciellen Programm erfolgte Festsetzung derselben auf —2° bis —5° C entspricht den thatsächlichen Verhältnissen in der Praxis vollkommen.

Gemäfs § 1 des allgemeinen Programms wählte der Ausschufs in die Prüfungskommission die Herren:

Auswärtige Mitglieder:

Brauer, Professor der technischen Hochschule in Darmstadt,
Schöttler, Professor der technischen Hochschule in Braunschweig,
Dr. Zeuner, Geheimrat und Professor der technischen Hochschule in Dresden.

Münchener Mitglieder:

Aubry, Direktor der wissenschaftl. Station für Brauerei, Vorstand des Polytechnischen Vereins in München,
Gyssling, Ingenieur, Direktor des Bayer. Dampfkessel-Revisions-Vereins,
Hertrich, Ober-Ingenieur und Direktor der Löwenbrauerei,
Schröter, Professor der kgl. technischen Hochschule,
Dr. Voit, Professor der kgl. technischen Hochschule,
Wolff, Ober-Ingenieur der Maschinenfabrik Landes,

welche ohne Ausnahme in dankenswerter Weise sich zur Annahme der Wahl bereit erklärten; der Polytechnische Verein erliefs sodann an die Fabrikanten und Lieferanten von Kältemaschinen die nachfolgende

Einladung:

Der unterfertigte Ausschufs des Polytechnischen Vereins in München beehrt sich hiermit, Sie unter Hinweis auf das beiliegende allgemeine Programm ergebenst einzuladen, sich an der in Aussicht stehenden Ausstellung und Prüfung von Kältemaschinen in der nach Beschlufs des Ausschusses zu errichtenden Versuchsstation durch Anmeldung von einer oder mehreren Maschinen oder Bestandteilen einer solchen zu beteiligen.

Es unterliegt keinem Zweifel, dafs alle bislang unternommenen Versuche, Kältemaschinen verschiedener Systeme mit einander zu vergleichen, durch die praktische Unmöglichkeit, unter ganz verschiedenen lokalen Verhältnissen stets gleiche Versuchsbedingungen herzustellen, zu einem völlig einwandfreien Ergebnis nicht gelangt sind. Wir haben daher das in beiliegendem Programm näher bezeichnete Anerbieten mit um so gröfserer Befriedigung begrüfst, als wir überzeugt sein mufsten, dafs die für Wissenschaft und Praxis gleich bedeutsame Frage nur auf dem Wege einer endgültigen Lösung entgegengeführt werden kann, dafs Maschinen gleicher Gröfse und gleicher Art der Kälteproduktion an einem und demselben Ort, unabhängig von einem Brauerei oder Fabrikbetrieb unter verschiedenen, aber für die einzelnen Maschinen jeweilig wieder genau gleich herzustellenden Versuchsbedingungen untersucht werden; wir geben uns der Hoffnung hin, dafs eine zahlreiche Beteiligung seitens der Herren Lieferanten von Kältemaschinen uns ermöglichen wird, der übernommenen Aufgabe in vollem Umfange gerecht zu werden.

Mit welcher Sympathie unser Beschlufs in den Kreisen der Wissenschaft und Praxis aufgenommen wurde, mögen Sie aus der Zusammensetzung der Prüfungskommission ersehen, welcher folgende Herren angehören:

(folgen die auf S. 7 bereits mitgeteilten Namen; später cooptirte Mitglieder s. S. 48).

Die erste Sitzung der Prüfungskommission ist auf Samstag den 4. August d. Js., nachmittags 4 Uhr im Lokal des Polytechnischen Vereins, Pfandhausstrafse 7, in München anberaumt, und da nach dem Programm den Ausstellern Gelegenheit geboten werden soll, an allen Sitzungen der Kommission in Person oder durch einen Vertreter teilzunehmen, so ersuchen wir, eine vorläufige Anmeldung bis zu diesem Termine gefälligst zu bewerkstelligen.

Wir bemerken hierzu, dafs wir diese vorläufige Anmeldung bis nach Festsetzung des speciellen Programms als widerruflich betrachten und dafs andrerseits natürlich auch spätere

Anmeldungen jederzeit zulässig sind, wenn die betreffenden Herren Aussteller auf die Möglichkeit der Teilnahme an allen, auch den ersten Sitzungen der Prüfungskommission verzichten.

In der obengenannten Sitzung wird das specielle Programm, insbesondere soweit es auf den Bauplan Einflufs hat, festgestellt und dann unverzüglich mit dem Bau begonnen werden; wir hoffen, im Spätherbst d. J. mit den Versuchen beginnen zu können.

Der Ausschufs des Polytechnischen Vereins in München.

Der Vorstand:	Der Schriftführer:
gez. Aubry.	gez. G. Buchner.

An der ersten Sitzung der Prüfungskommission nahmen als Vertreter von Ausstellern die Herren Prof. Linde und Pictet und von den auswärtigen Mitgliedern Herr Prof. Brauer teil; nachdem Herr Geheimrat Dr. Zeuner zum Ehrenpräsidenten, und zum Vorsitzenden Professor Schröter einstimmig gewählt worden waren, stellte die Kommission in eingehender Beratung das specielle Programm fest, welches nach den in zwei Sitzungen (4. und 5. August) gefafsten Beschlüssen den Münchener Mitgliedern zur Redaktion überwiesen wurde und in folgendem Wortlaut vorliegt:

Specielles Programm der Untersuchung von Kältemaschinen in der Versuchs-Station des Polytechnischen Vereins in München.

1.

Die Untersuchung der in der Versuchs-Station zur Ausstellung gelangenden Kältemaschinen erstreckt sich in erster Linie auf die Ermittelung der Kälteleistung einerseits und des Dampf- und Kühlwasserverbrauchs andrerseits unter den sub 2 näher angegebenen, für alle Maschinen gleichen Versuchsbedingungen. Daneben sollen jedoch auch die speciellen Eigentümlichkeiten jeden Systems, nämlich: die Anzahl der Apparate, die für die In- und Aufserbetriebsetzung der Maschine nötigen Vorkehrungen und Handgriffe, die Veränderung der Leistung mit der Dauer des Betriebs, die Verluste an arbeitender Flüssigkeit, die Ursache dieser Verluste, deren Einflufs auf den Betrieb und die Leistung der Maschinen, die Schmierung der Stopfbüchse und anderer Teile, die Verschiedenheit der Drucke während des Betriebs, sowie die Wirkung der Verringerung der dem Kondensator zufliefsenden Kühlwassermenge auf den Betrieb und die Leistung der Maschinen u. a. m., soweit als die Verhältnisse der Station dies gestatten, während der Versuche beobachtet und die Ergebnisse in den Bericht aufgenommen werden. Es ist dabei vorbehalten, die in der Station auszuführenden Versuche bezüglich solcher Fragen, zu deren Beantwortung sie nicht ausreichen, durch anderweitig anzustellende Beobachtungen zu ergänzen.

Es ist ja einleuchtend, dafs zur vollständig erschöpfenden Beurteilung einer Maschine einige mit derselben angestellte Versuche, welche die ökonomische Leistung derselben klarstellen, nicht ausreichend sind, dafs vielmehr gerade bei einer Maschine der hier in Rede stehenden Art für die praktische Bedeutung dieses oder jenes Systems eine Reihe von Momenten in Betracht kommen, welche nur in dauerndem Betrieb durch lange fortgesetzte Beobachtungen richtig gewürdigt werden können. Die Fassung des § 1 gibt dieser Überzeugung der Kommission Ausdruck, aber sie präcisiert auch auf der andern Seite, dafs es in erster Linie bei den auszuführenden Versuchen darauf ankam, die ökonomische Leistung der Maschinen festzustellen; dafs ein Dauerbetrieb in der Station unmöglich durchzuführen ist, liegt ja auf der Hand, es müssen vielmehr zur Ergänzung des in der Station Erreichbaren noch Beobachtungen in der Praxis angestellt werden und nur, »soweit es die Verhältnisse der Station gestatten«, können jene anderen Momente auch noch mit berücksichtigt werden. Auch nach der rein wissenschaftlichen Seite hin können ja Fragen auftauchen, wie z. B. Bestimmung der Spannungskurve einer flüchtigen Flüssigkeit, Bestimmung der Absorptionswärme von Gasen in Flüssigkeiten u. dgl., welche auch zu speciellen, aufserhalb des Rahmens der Station auszuführenden Arbeiten Veranlassung geben können — diesem Umstand ist durch den Schlufssatz des § 1 Rechnung getragen.

Dafs für die Ermittlung der ökonomischen Leistung der Maschinen auf den Speisewasserverbrauch — abgesehen vom Kühlwasser — zurückgegriffen werden mufs, ist darin begründet, dafs nicht blofs solche Maschinen, welche die zu ihrem Betriebe nötige Wärme in Form von mechanischer Arbeit zugeführt erhalten (Kompressionssystem), sondern auch Absorptionsmaschinen untersucht und mit den anderen vergleichbar gemacht werden sollen; bei diesem System wird aber die Wärme direkt zugeführt, und zwar durch Kondensation von Dampf, der in einem Dampfkessel erzeugt wird. Dem Prinzip der Station entsprechend, wird dazu derselbe Kessel benutzt, welcher auch die Kompressionsmaschinen mit Dampf versorgt, und es ist daher in der verbrauchten Speisewassermenge die einzig mögliche gemeinsame Grundlage des Vergleichs gegeben.

Damit jedoch bei Kompressionsmaschinen nicht etwa der Kältemaschine zugeschrieben wird, was der Dampfmaschine zur Last fällt, so ist durch die Bestimmungen in § 6 und § 7 dafür gesorgt, dafs der Anteil an dem Gesamtergebnis, welcher der Dampfmaschine zufällt, durch gesonderte Angabe des Speisewasserverbrauchs derselben pro indizierte Pferdestärke und Stunde klar erkenntlich wird.

2.

Die Untersuchung soll für alle Maschinen bei konstanter, normaler Tourenzahl (s. allgemeines Programm § 6, Nachtrag), mindestens bei folgenden Betriebsverhältnissen ausgeführt werden:

Temperatur der Salzlösung.

	bei Eintritt in den Verdampfer	bei Austritt aus dem Verdampfer
Nr. 1.	— 18° C.	— 21° C.
„ 2.	— 10° C.	— 13° C.
„ 3,	— 2° C.	— 5° C.
„ 4.	+ 6° C.	+ 3° C.

Bei diesen vier Versuchen hat das Kühlwasser die Anfangstemperatur von + 10° C. (Grundwassertemperatur) und normale Austrittstemperatur, ausserdem wird noch ein Versuch

Temperatur der Salzlösung

	beim Eintritt	beim Austritt.
Nr. 5	— 2° C.	— 5° C.

Temperatur des Kühlwassers
beim Austritt aus dem Condensator.
+ 35° C.

ausgeführt, als Wiederholung von Nr. 3, dessen Salzlösungstemperaturen die in der Praxis bei weitem häufigsten sind.

Diesen Versuchen werden alle Maschinen unterworfen, sofern nicht der Aussteller erklärt, dafs seine Maschine die betreffenden Temperaturen nicht erreichen könne. In diesem Falle wird im Protokoll davon Vormerkung genommen, und es werden nach Beschlufs der Kommission andere Grenzen festgesetzt.

Die Kommission behält sich vor, im Einvernehmen mit den Ausstellern auch noch andere, als die oben genannten Betriebsverhältnisse einzuführen.

Von entscheidendem Einflufs auf die Leistung einer Kältemaschine ist die Lage der mittleren Temperaturen, bei welcher ihr Arbeitsprozefs sich vollzieht, auf der Temperaturskala. In der weitaus gröfseren Zahl der Fälle, wo zur Kühlung des Kondensators Grundwasser verwendet werden kann, variiert die Condensatortemperatur nur sehr wenig und man kann als normale Erwärmung im Kondensator etwa 10° C. annehmen; es war daher die Veränderlichkeit auf die Salzlösungstemperaturen zu beschränken und es ergaben sich in Abstufungen von je 8° die in § 2 angeführten Werte als vollständig ausreichend, um ein klares Bild von dem Einflufs zu erhalten, welchen die Temperaturerniedrigung auf die Leistung der Kältemaschine hat. Auf der andern Seite war es auch wünschenswert, den Einflufs starker Verringerung der Kühlwassermenge, namentlich im Hinblick auf die Maschinen, welche mit der Pictetschen Flüssigkeit und mit Kohlensäure arbeiten, klarzustellen, wozu eine Erwärmung des Kühlwassers bis auf + 35° C. ausreichend erschien.

3.

Die Dauer der Versuche, welche nach dem Programm an allen Maschinen vorgenommen werden müssen, soll nach Eintritt des Beharrungszustandes für alle Maschinen dieselbe sein; sie wird hauptsächlich von der zur sichern Messung des Speisewassers erforderlichen Zeit abhängen. Jeder Versuch soll unter genau den gleichen Bedingungen mindestens einmal wiederholt werden — womöglich mit Wechsel der Beobachter.

4.

Von den zwei in der Versuchs-Station zur Verfügung stehenden Kesseln wird der eine ausschliefslich zur Lieferung des Dampfes für die in Untersuchung befindliche Kühlmaschine benutzt, während der andere zum Betriebe der Kühlwasser- und Salzlösungspumpen dient, deren Dampfverbrauch somit nicht zu der für die Kühlmaschine gebrauchten Dampfmenge gerechnet wird.

Während der Versuche übernimmt der Aussteller die Führung seiner Maschine im Maschinenraume; die Heizung der Kessel sowie die Führung der Pumpen bleibt der Kommission überlassen, welche dafür zu sorgen hat, dafs die Ein- und Austrittstemperaturen der Salzlösung die jeweilig erforderlichen Werte dauernd zeigen.

Indem die Kommission die Sorge für Herbeischaffung des Kühlwassers und für Cirkulation der Salzlösung übernahm, wollte sie damit nicht aussprechen, dafs bei einer kompleten Kälteanlage die hierauf zu verwendende Arbeit im allgemeinen nicht mit einzurechnen sei; es ergab sich vielmehr aus der ganzen Anordnung der Versuchsstation, dafs hierfür ständige, nicht von Aussteller zu Aussteller wechselnde Einrichtungen gewählt werden mufsten und somit der an und für sich ja sehr geringe Dampfverbrauch, welchen diese Pumpen verursachen, aufser Betracht bleibt. Es hängen ja auch bei ausgeführten Kälteanlagen die betreffenden Arbeitsgröfsen so sehr von dem allgemeinen Schema der Anlage und von der Art und Weise der Verwendung der Kälte ab, dafs es ganz gerechtfertigt erscheint, sie bei Beurteilung der eigentlichen Kälteerzeugung aufser Acht zu lassen.

5.

Die von den Maschinen produzierte Kälte wird zur Abkühlung einer Chlorcalciumlösung verwendet, deren Gefrierpunkt bei ca. —30° C. liegt; die Herstellung von Eis ist grundsätzlich ausgeschlossen. Zur Wiedererwärmung der in der Maschine gekühlten Lösung dient Wasser- und zwar wird hiezu ein Teil des vom Kondensator abfliefsenden Kühlwassers benutzt. Der von der Kommission beizustellende, diesem Zwecke dienende Gegenstromapparat wird mit den geeigneten Reguliervorrichtungen versehen, um beliebige Salzlösungstemperaturen hervorbringen und dauernd erhalten zu können.

Die Erfahrung hat dazu geführt, zur Wiedererwärmung der Salzlösung nicht Wasser, sondern Dampf anzuwenden; das Nähere hierüber findet sich auf S. 29 mitgeteilt.

6.

Die Kälteleistung der Maschinen, soweit sie sich auf die Chlorcalciumlösung erstreckt, ist gegeben durch das Produkt aus dem stündlich die Maschine passierenden Gewicht derselben, multipliziert mit der specifischen Wärme (auf die Gewichtseinheit bezogen) und der Differenz der (möglichst nahe am Refrigerator gemessenen) Ein- und Austrittstemperaturen nach Celsius. Das Gewicht, welches pro Stunde abgekühlt wird, ergibt sich durch Messung des Volumens und des specifischen Gewichtes; ersteres wird durch direkte Kubizierung vermittelst zweier geaichten Gefäfse gemessen, von welchen sich abwechselnd das eine füllt, während das andere sich entleert; doch ist zur Kontrolle die Verwendung auch noch anderer Methoden vorbehalten. Sämtliche vorkommenden Temperaturmessungen werden durch Fernrohrablesung an eigens beschafften Thermometern von grofser Empfindlichkeit ausgeführt, zu deren Anbringung Einsatzstücke vorgesehen sind, deren Konstruktion den Ausstellern behufs Anschlufs der Rohrleitungen angegeben werden wird.

Der Arbeitsverbrauch wird ausschliefslich als indizierte Arbeit gemessen; an der Dampfmaschine sowohl, als auch (bei

Kompressionsmaschinen) am Kompressor dienen hierzu je zwei Indikatoren, einer für jede Cylinderseite, deren Federskalen im Laboratorium für Maschinenlehre an der technischen Hochschule zu München geprüft werden. Für die Dampfmaschinen wird die Admissionsspannung im Cylinder auf 6 kg Überdruck festgestellt; die Dampfkessel sind auf 8 kg Überdruck konzessioniert.

Der Dampfverbrauch wird durch Wägung des Speisewassers oder durch Aichung in der Weise festgestellt, dafs zwei übereinandergestellte Reservoire zur Verwendung kommen, von welchen das obere das eigentliche Mefsgefäfs ist, während das untere als Saugreservoir für die Speisepumpe dient. Die Anwendung von Kontrollmethoden, speciell der kalorimetrischen, ist vorbehalten; besondere Sorgfalt wird auf die Erhaltung gleichen Wasserstandes im Kessel zu Anfang und Ende des Versuches verwendet; die Temperatur des Speisewassers wird gleichfalls beobachtet.

Die an das Kühlwasser pro Stunde abgegebene Wärmemenge ergibt sich aus dessen Menge und Erhöhung seiner Temperatur, welch letztere möglichst nahe beim Eintritt resp. beim Austritte aus dem betreffenden Apparate in derselben Weise, wie oben angegeben, zur Beobachtung gelangt. Zur Bestimmung der Kühlwassermenge wird das Aichverfahren in der oben bei der Kältemessung beschriebenen Art angewendet, ohne die Kommission in der gleichzeitigen Anwendung von Kontrollmethoden zu beschränken.

7.

Den Ausstellern wird auferlegt, die Oberfläche der Refrigeratorröhren veränderbar auszuführen, und zwar mindestens in zwei Gröfsen, welche sich verhalten wie 1 : 2, um eine ziffermäfsige Feststellung des Einflusses zu ermöglichen, welchen die Veränderung dieser Oberflächen auf die Leistung der Maschine hat. Um aber auch alle Maschinen bei gleicher absoluter Gröfse der Oberflächen untersuchen zu können, sollen die konstruktiven Einrichtungen getroffen sein, um bei jeder

Maschine eine Oberfläche von 66 qm im Refrigerator und Kondensator herstellen zu können. Die Hauptdimensionen jeder untersuchten Maschine werden ermittelt und der Veröffentlichung beigegeben.

Jeder Aussteller ist berechtigt, von allen auf die Beobachtung seiner Apparate bezüglichen Notizen und Dokumenten Kopien für sich zu nehmen resp. zu beanspruchen. Jedoch wird er, wie jedes Mitglied der Kommission und jeder Hilfsarbeiter, sich schriftlich verpflichten, davon vor der offiziellen Publikation der Untersuchungsergebnisse keinen wie immer gearteten Gebrauch zu machen. Nach Abschlufs der Untersuchung sind die Hauptergebnisse zu berechnen und in einem dem Aussteller zur Verfügung gestellten Certifikat, welches von der Kommission veröffentlicht wird, auszufertigen; die Zusammenstellung ist so einzurichten, dafs der Anteil der Dampfmaschine an dem Schlufsergebnis klar erkennbar ist, zu welchem Zweck der Dampfverbrauch pro indizierte Pferdestärke der Dampfmaschine, deren indizierte Arbeit sowohl bei vollem Betriebe, als auch beim Leergang, sowie endlich die indicierte Kompressionsarbeit (bei Kompressionsmaschinen) aufzuführen ist.

Von Zeit zu Zeit findet Veröffentlichung von Zusammenstellungen statt.

Dafs die Gröfse der Heiz- oder Kühlfläche auf den Durchgang einer bestimmten Wärmemenge Einflufs hat, ist eine längst bekannte Erscheinung; das Temperaturgefälle, welches für das Durchdringen der Wärme erforderlich ist, wird um so kleiner sein können, je geringer die pro Quadratmeter und Stunde aufzunehmende Wärmemenge ist, und es läfst sich daher erwarten, dafs von zwei Kältemaschinen gleichen Systems, welche dieselbe Kältemenge produzieren, unter übrigens ganz gleichen Umständen diejenige vorteilhafter arbeiten wird, welche infolge gröfserer Oberfläche des Refrigerators eine kleinere Temperatur-Differenz für den Durchgang der Wärme benötigt. Bestimmte Zahlenangaben liegen darüber nicht vor — es schien aber sehr wünschenswert, solche zu gewinnen, da auch in der Praxis vielfach der Fall vorkommt, dafs der nämliche Kompressor mit verschieden grofsen Refrigeratoren und Kondensatoren verbunden wird. Um jedoch die Konstruktion nicht allzu verwickelt zu machen, beschränkte man sich auf eine Veränderung im Verhältnis von 1 : 2.

8.

Jeder Aussteller wird rechtzeitig von dem Beginn der Untersuchung seiner Maschine benachrichtigt; dieselbe wird, wenn möglich, spätestens 4 Wochen nach Inbetriebsetzung der Maschine vorgenommen. Die Aussteller haben den Termin anzugeben, bis zu welchem sie ihre Maschinen zu den Versuchen zur Verfügung stellen; denselben wird rückwärts von diesem Termine eine Frist von 8 Wochen gegeben, um eine Maschine aufzustellen, in Betrieb zu setzen und zu probieren.

Der Polytechnische Verein in München ist berechtigt, für jeden Tag, um welchen der Aussteller den Termin überschreitet, eine Konventionalstrafe von ℳ 25 zu erheben, womit sich der Aussteller schriftlich einverstanden zu erklären hat.

Nach Beendigung der Untersuchung ist jeder Aussteller berechtigt, frei über sein Eigentum zu verfügen, und verpflichtet, auf Verlangen seine Maschine sofort zu demontieren und binnen einer von der Kommission zu bestimmenden Frist aus der Station zu entfernen, widrigenfalls dies auf seine Kosten von der Kommission besorgt wird. Die Abteilung der Maschinenhalle, welche von einer Maschine eingenommen war, ist der Kommission in dem Zustande zurückzugeben, in welchem sie dem Aussteller übergeben worden war.

9.

Die Kommission übernimmt die Herstellung der Fundamente nach Zeichnung des Ausstellers zum Selbstkostenpreise, wie sie auch Betriebsmaterialien u. dgl. zu späterer Verrechnung liefert.

Für den Polytechn. Verein in München:
Der Vorstand:
Direktor L. Aubry.

Für die Prüfungskommission:
Der Vorsitzende:
Prof. M. Schröter.

Der Generalsekretär:
H. Steinach.

Die nächste Aufgabe der Kommission bestand in der Herstellung der Gebäulichkeiten für die Station und deren innerer Einrichtung, wofür das allgemeine und specielle Programm als Richtschnur zu dienen hatte. Das Ziel, welches der Kommission in erster Linie dabei vorschwebte, war die Erreichung gröſstmöglicher Zuverlässigkeit und Genauigkeit der Versuchsresultate, und es wird aus der Beschreibung der Station hervorgehen, daſs dank der Art und Weise, wie die Gesellschaft für Lindes Eismaschinen im Verein mit der Maschinenfabrik Augsburg die finanzielle Seite des Unternehmens behandelte, ohne alle Rücksicht auf die Kosten eine Einrichtung geschaffen werden konnte, die in ihrer Art einzig dasteht.

Beschreibung der Station.

Die Gebäulichkeiten der Versuchsstation liegen auf einem von der Gesellschaft für Lindes Eismaschinen käuflich erworbenen Grundstück an der äuſseren Nymphenburgerstraſse und bestehen aus einem Neubau und einem für die Zwecke der Kommission hergerichteten, daran anstoſsenden älteren Gebäude — letzteres ist in dem beifolgendem Grundriſs (Fig. 2, S. 21) mit D bezeichnet, während die Räume A, B, C, E den Neubau bilden. Nach § 3 des allgemeinen Programms sollte die Station für vier gleichzeitig aufzustellende Kältemaschinen Raum bieten. Derselbe wurde geschaffen durch Anlage der aus lokalen Gründen im Grundriſs ein Trapez bildenden Maschinenhalle A von 27,5 m Länge und 12 bezw. 15 m Tiefe, in welcher durch mit Brettern verschalte leichte Fachwerkswände vier, allerdings nicht vollkommen gleich groſse Abteilungen gebildet werden. Bei einer Breite von 6,8—7 m und der erwähnten Tiefe sind dieselben jedenfalls zur Aufstellung einer kompleten Kältemaschine Nr. V irgend eines Systems mehr als ausreichend. Die beigeheftete Lichtdrucktafel I [1]) gibt die äuſsere Erscheinung des Stationsgebäudes wieder; die vier groſsen Thore an der Vorderseite entsprechen den vier Abteilungen für Kältemaschinen;

1) Sämtliche Aufnahmen (ausgenommen Tafel V) und die Reproduktionen in Lichtdruck sind von J. B. Obernetter, München, ausgeführt.

Gebäulichkeiten der Station.

nach rückwärts ist noch das Kesselhaus mit dem 30 m hohen Schornstein ersichtlich. Jede Abteilung ist durch grofse Fenster und Oberlicht beleuchtet.

Wie aus dem Querschnitt (Fig. 1) hervorgeht, ist in der Maschinenhalle vorläufig kein Fufsboden gelegt, sondern ein Fundamentraum in einer Tiefe von 2,35 m unter dem künftigen Fufsbodenniveau ausgehoben, welcher gegen das Kesselhaus hin durch eine bis zur Fufsbodenhöhe reichende Mauer (in Fig. 2 punktiert) derart abgeschlossen ist, dafs ein unter den vier Abteilungen parallel dem Kessel- und Maschinenraum hinlaufender Kanal von 2 m Breite entsteht, in welchen sämtliche Rohrleitungen verlegt sind. Auf der entsprechend konstruierten Decke desselben können Kondensatoren und Verdampfer der Kältemaschinen aufgestellt werden; in den Wandungen des Kanals sowohl, als auch in den Trennungswänden der einzelnen Abteilungen, welche unter Fufsbodenniveau aus Mauerwerk bestehen, sind Thüröffnungen ausgespart.

An diese für die Aussteller bestimmten Räume schliefsen sich nach rückwärts die den Zwecken der Kommission dienenden Lokalitäten B und C (s. Fig. 2) an, deren innere Einrichtung aus den in gröfserem Mafsstabe gezeichneten Fig. 3 u. 4 (S. 22) ersichtlich ist. Der leitende Grundgedanke beim Entwurf dieser Einrichtung war, ohne Beeinträchtigung der Zuverlässigkeit der Versuchsresultate die Dauer eines Versuches auf ein Minimum zu beschränken, eine Rücksicht, welche bei der grofsen Zahl der auszuführenden Untersuchungen keiner besonderen Begründung bedarf. Nun ist aber bei Maschinen der hier in Betracht kommenden Art die Zuverlässigkeit des Ergebnisses einer Untersuchung von der Genauigkeit abhängig, mit welcher konstatiert werden kann, ob sämtliche Teile des ganzen Organismus sich zu Anfang und zu Ende des Versuches in demselben Zustand befinden; speciell bei Kältemaschinen kommt es darauf an, dafs der Wärmeinhalt aller Teile zu Anfang und zu Ende der gleiche ist, um sicher zu sein, dafs die während des Versuches gemessene Kälte auch wirklich in derselben Zeit produziert und nicht etwa ein Teil derselben aus dem Kältevorrat der Maschine entnommen ist, oder umgekehrt. Es liegt auf der Hand, dafs ein Eisgenerator, dessen Zelleninhalt teils aus Wasser, teils aus Eis besteht, der genauen Wiederherstellung eines bestimmten Anfangszustandes fast unüberwindliche Schwierigkeiten bietet und dafs nur durch eine sehr lange Versuchsdauer, d. h. eine sehr grofse produzierte Eismenge die oben angedeutete Unsicherheit einigermafsen gehoben werden kann; hat man es aber mit Abkühlung einer bestimmten Menge von Salzlösung zu thun, welche sich fortwährend in Cirkulation befindet, so braucht nur in jedem Teil der Maschine, welcher von derselben durchströmt wird, die Eintritts- und Austrittstemperatur die nämliche zu sein, um mit absoluter Sicherheit den unveränderten Wärmezustand zu konstatieren.

Schnitt y-y.

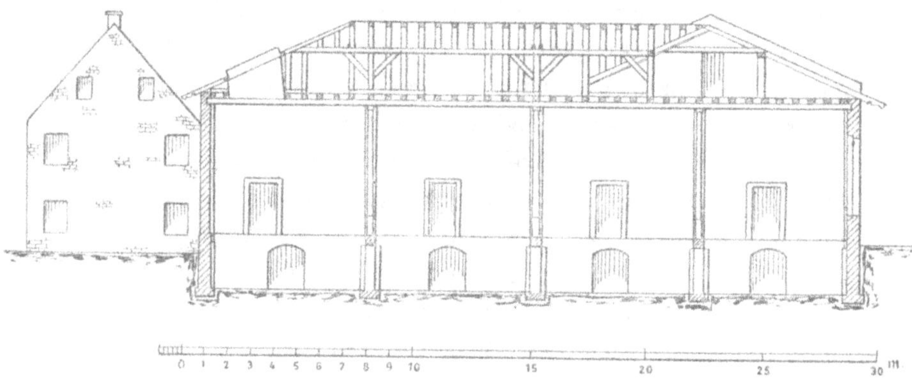

Fig. 1.

Es genügt also zur sicheren Messung der Kälte bei einer Maschine, die zur Abkühlung einer cirkulierenden und in konstanter Weise wieder erwärmten Salzlösung eingerichtet ist, nachdem einmal der Beharrungszustand hergestellt wurde, eine ganz kurze Zeit, und dies war ausschlaggebend für die Fassung des § 6 des allgemeinen Programms. Die Messung der produzierten Kälte bildet aber nur einen Teil der hier gestellten Aufgabe; dieselbe Betrachtung hinsichtlich der Konstatierung des Beharrungszustandes gilt auch für den motorischen Teil der Anlage, wo die zum Betrieb erforderliche Wärme produziert wird; auch im Dampfkessel mufs der durch Dampfdruck und Wasserstand bedingte Wärmezustand bei Beginn und am Schlufs derselbe sein. Die Sicherheit der

Konstatierung des Wasserstandes hängt in erster Linie von der Ruhe des Wasserspiegels im Kessel ab, und da letztere bei den gewöhnlichen Kesselanlagen sehr schwer zu erreichen ist und deshalb durch lange Versuchsdauer der Einfluſs dieses Fehlers ausgeglichen werden muſs, so wurde hier zu dem Auskunftsmittel gegriffen, für den Betrieb der Kältemaschinen einen durch den Dampf eines andern Kessels geheizten Kessel zu benutzen, von dem sich

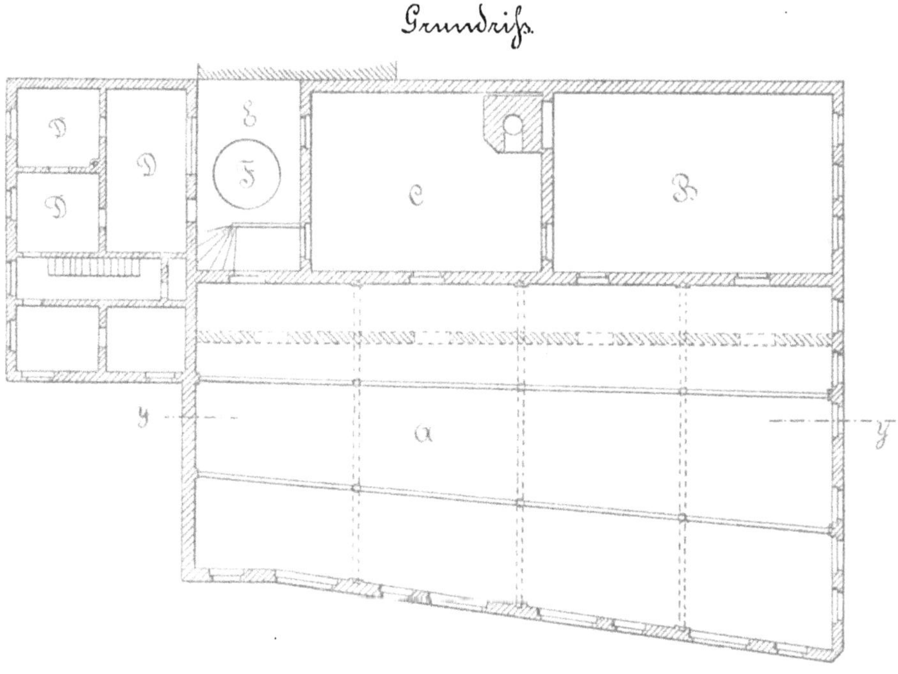

Fig. 2.

erwarten lieſs, daſs ein vollkommener Beharrungszustand der Verdampfung leichter erreichbar sein werde, als bei direkter Dampferzeugung durch Verbrennung von Kohle.

So erklärt sich die Anordnung des Kesselhauses B (Fig. 2), welches (s. Fig. 3 und 4) einen liegenden, eingemauerten Batteriekessel (*i*) von 55 qm Heizfläche mit Münchener Stufenrost, speciell für oberbayerische Kleinkohle eingerichtet, enthält, neben welchem sich der zum Betrieb der Kältemaschinen bei den Versuchen bestimmte Kessel *k* befindet. Der Raumersparnis halber und weil

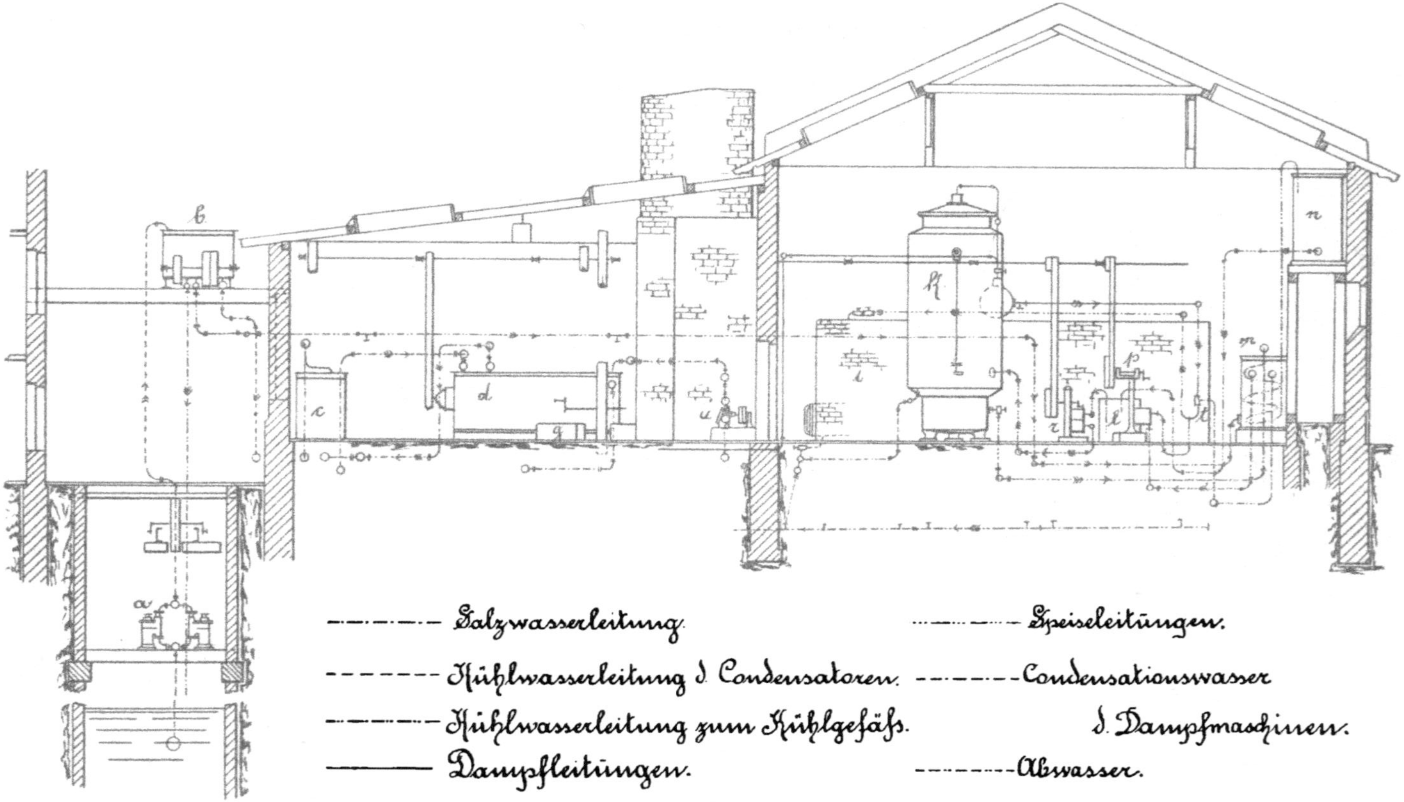
Salzwasserleitung.
Kühlwasserleitung d. Condensatoren.
Kühlwasserleitung zum Kühlgefäß.
Dampfleitungen.
Speiseleitungen.
Condensationswasser d. Dampfmaschinen.
Abwasser.

Fig. 3.

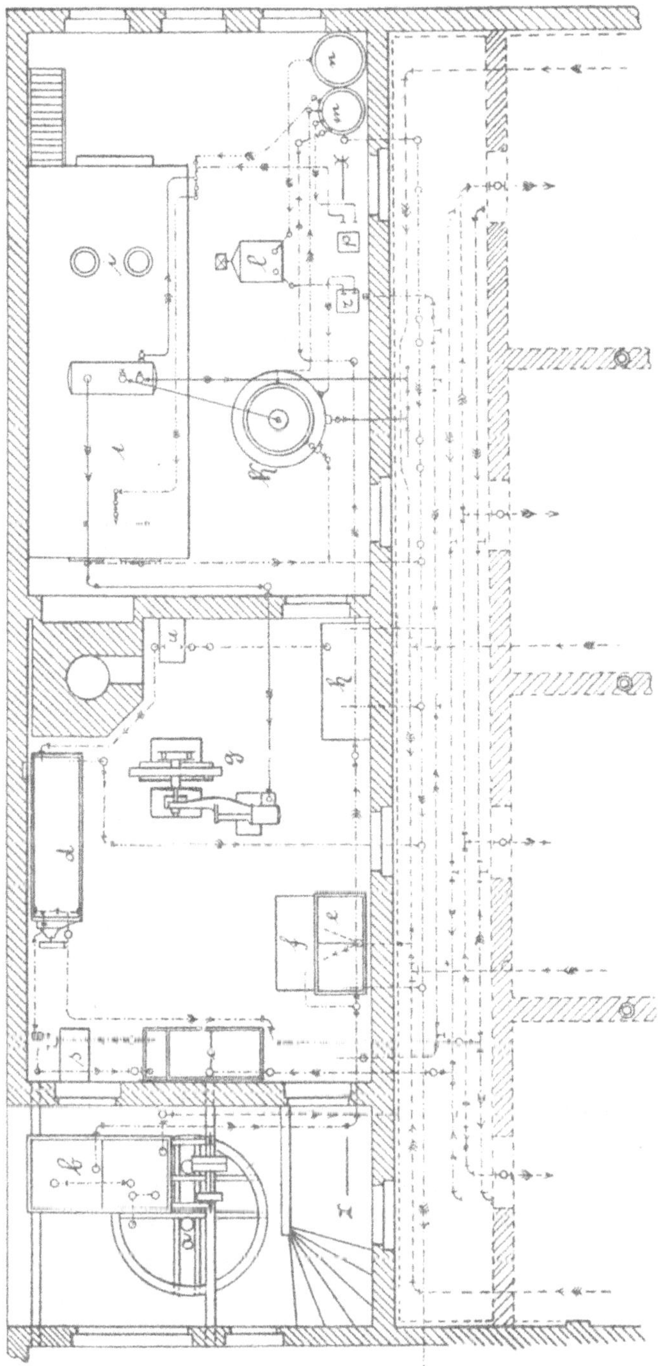

Fig. 4.

die Gesellschaft für Lindes Eismaschinen anderweitig gute Erfahrungen mit diesem Kesselsystem gemacht hatte, wurde die Anordnung eines stehenden Röhrenkessels gewählt; derselbe besitzt 50 qm Heizfläche, gebildet durch 172 Röhren von 3,71 m Länge und 44,5 mm äufserem Durchmesser. Von dem Dampfsammler des

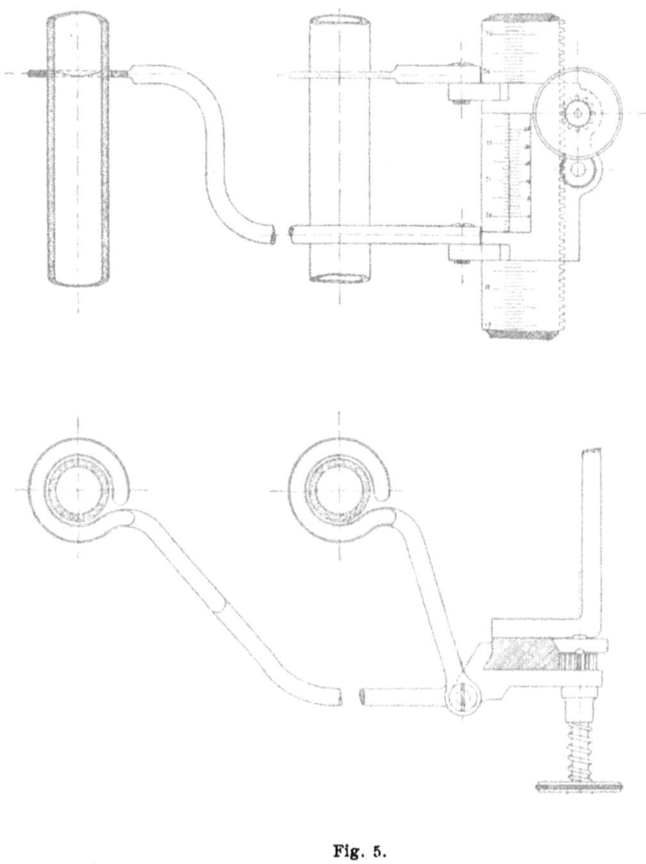

Fig. 5.

Batteriekessels (Fig. 3 und 4) zweigt eine Rohrleitung von 90 mm Lichtweite ab, mit Absperrventilen an beiden Enden versehen, welche dem Kessel *k* Dampf zuführt. Das durch die Kondensation desselben gewonnene Wasser sammelt sich im unteren, engeren Teile des Kessels *k* und wird zur Speisung desselben verwendet (s. unten).

Die hier geschaffene Einrichtung hat ihren Zweck vollkommen erfüllt, indem thatsächlich die Schwankungen des Wasserspiegels in k verschwindend gering waren und infolgedessen die Feststellung des Wasserstandes mit voller Sicherheit erfolgen konnte. Es ist zu diesem Zweck am Wasserstandskopf eine eigene Einrichtung angebracht, von welcher Fig. 5 eine Vorstellung gibt: an dem mittels Zahnstange und Trieb verschiebbaren Nonius einer in Millimeter geteilten Skala sind zwei Drähte von 4 mm Stärke befestigt, welche so gebogen sind, dafs sie mit ihren messerartig ausgehämmerten Enden die beiden Wasserstandsgläser in einer und derselben Horizontalebene ringförmig umgreifen. Beim Beginn des Versuches wird der Wasserspiegel im Glas mit der Messerschneide zur Deckung gebracht und die Stellung des Nonius abgelesen; die Erfahrung hat gezeigt, dafs eine Genauigkeit von 1 mm sicher erreicht werden kann, was bei einer Wasserfläche von 2,87 qm einer Wassermenge von ebensoviel Liter entspricht.

Selbstverständlich sind die beiden Kessel mit vollständiger Armatur ausgerüstet; der konzessionierte Dampfüberdruck beträgt 8 kg/qcm, wovon jedoch bis jetzt niemals Gebrauch gemacht wurde, da es sich zeigte, dafs zur Erzeugung des erforderlichen Betriebsdampfes für die Kältemaschinen eine Druckdifferenz von höchstens 0,5 kg zwischen beiden Kesseln vollkommen ausreicht.

Besondere Sorgfalt mufste der Einrichtung für die Speisung des Kessels k zugewendet werden, womit die Messung des Speisewassers zu verbinden war. Wie erwähnt, dient dazu das in dem Kessel selbst sich ergebende Kondensat, welches aus dem Sammelraum im unteren Teile desselben zunächst in ein Kühlgefäfs m geht, dort in einem Schlangenrohr seine Wärme an Kühlwasser abgibt, welches aus dem grofsen Kühlwasserreservoir b kommt (s. unten), und endlich, auf eine zur Speisung geeignete Temperatur abgekühlt, in ein hochgelegenes Reservoir n aufsteigt, welches mit Überlauf zur Abfuhr des Überschusses versehen ist. An dem erwähnten Sammelraum von k ist ein Wasserstandsglas angebracht und ein in die Leitung eingeschaltetes Drosselventil erlaubt beliebige Regelung des Abflusses aus k. Es sei hier bemerkt, dafs der Verlauf aller Rohrleitungen so übersichtlich, als bei dem kleinen Mafsstab möglich, in den Fig. 3 und 4 eingetragen ist. Zur Speisung des Kessels k dient eine Pumpe r (in Wirklichkeit sind es zwei ganz gleiche

Pumpen, wovon eine als Reserve dient), welche aus einem auf einer eisernen Decimalwage stehenden eisernen Reservoir *l* das Wasser ansaugt und durch ein Rückschlagventil, vor welchem noch ein Windkessel eingeschaltet ist (in der Zeichnung weggelassen), in den unteren Teil des Kessels *k* drückt. In das Reservoir *l* wird das Wasser nach Bedarf aus *n* abgelassen. Die zweite in den Fig. 3 und 4 angedeutete Pumpe *p*, sowie der Injektor *t* bilden die vorschriftsmäfsigen zwei Speiseapparate für den Batteriekessel; als Speisewasser dient hier das im Kühlgefäfs *m* vorgewärmte Kühlwasser aus dem Reservoir *b*, dessen Überschufs durch einen Überlauf in die allgemeine Entwässerungsanlage geht.

Es kann demnach in den Kessel *k* kein Wasser gelangen, welches nicht das Reservoir *l* und damit die Wage passiert hätte. — Die Messung erfolgt ganz einfach so, dafs das auf der Wage ruhende Gewicht zu Anfang und Ende des Versuches ermittelt wird, die Differenz ist dann die in der betreffenden Zeit verbrauchte Speisewassermenge, gleichen Wasserstand im Kessel vorausgesetzt. Bei dem voraussichtlich verschiedenen Bedarf an Speisewasser pro Stunde, je nach der Leistung der Kältemaschine, mufste noch eine Einrichtung getroffen werden, um die Menge des pro Hub der Pumpe in den Kessel geschafften Wassers beliebig zu regulieren. Zu dem Zweck ist ein Verbindungsrohr zwischen Saug- und Druckraum der Pumpe vorhanden, welches durch einen Hahn mehr oder weniger geöffnet werden kann und dadurch die Lieferung der Pumpe in weiten Grenzen veränderlich zu machen gestattet. Es war Aufgabe des betreffenden Beobachters, jeweilig eine ganz kontinuierliche Speisung zu erzielen, was auch mit dieser Einrichtung in ganz befriedigender Weise gelang. Auf das Detail kommen wir später zurück; an dieser Stelle sei noch der verschiedenen Dampfleitungen gedacht, wie sie in den Fig. 3 und 4 dargestellt sind.

Um den Ausstellern Gelegenheit zu geben, unabhängig von einem an einer andern Maschine gerade stattfindenden Versuch ihre Maschinen gleichzeitig zu betreiben, sind zwei getrennte Dampfleitungen von 90 mm Lichtweite in dem oben erwähnten Rohrkanal vorhanden, eine vom Kessel *k*, die andere von *i* gespeist, selbstverständlich mit den erforderlichen Einrichtungen zur Ableitung

Kesselhaus.

des Kondensierwassers versehen; die Mefsvorrichtungen hierfür werden später Erwähnung finden. Aufserdem führt noch vom Kessel *i* eine Dampfleitung zur Betriebsmaschine im Raum *C* und eine solche zum Injektor *t*. Die Dampfleitungen zu den Kältemaschinen sind in solcher Ausdehnung angelegt, dafs sie den Rohrkanal seiner ganzen Länge nach durchziehen und mit je vier T-Stücken an den Stellen versehen sind, wo sich die Thüren in der Wand des Rohrkanals befinden, die zu den einzelnen Abteilungen führen. Bei Untersuchung einer Kältemaschine wird natürlich der überflüssige Teil der Leitung blind abgeflanscht.

Nach dem vorhergehenden genügen wenige Worte zur Erklärung der in der beigehefteten Lichtdrucktafel II dargestellten Innenansicht des Kesselhauses. Im Vordergrunde rechts ist noch ein Stück der Einmauerung des Batteriekessels mit dem Injektor zur Speisung desselben sichtbar; den Hintergrund nimmt der stehende Destillationskessel ein, in welchen oben das aus dem Batteriekessel den Heizdampf zuführende Rohr einmündet, während der im Destillationskessel erzeugte Dampf durch das vertikal abwärts führende Rohr zu der im Rohrkanal liegenden Dampfleitung gelangt. Das quer den Raum durchsetzende, horizontale Rohr kommt gleichfalls vom Dampfsammler des Batteriekessels und geht zu der zweiten im Rohrkanal befindlichen Dampfleitung (s. S. 26). Die Mitte des Raumes nimmt das auf der Wage stehende Reservoir *l* ein (s. Fig. 3 u. 4); durch das mittlere der drei in dasselbe mündenden Rohre tritt das Speisewasser aus dem Reservoir *n* (s. Fig. 3 u. 4) in das Wägereservoir *l* ein. Die beiden anderen Rohre sind die Saugrohre der Doppelpumpe *r* (im Bilde die vordere); die hintere Pumpe speist den Batteriekessel, und zwar mit dem im Kühlgefäfs *m* vorgewärmten Wasser. Deutlich ist die ganze Armatur des Destillationskessels sichtbar, der doppelte Wasserstandskopf mit der Einstellvorrichtung und dem Manometer, dann unten links das Speiseventil mit dem davor eingeschalteten Rückschlagventil und Windkessel.

Wir gelangen nun zum M e f s r a u m *C* mit den Einrichtungen zur Messung der Salz- und Kühlwassermengen, sowie des Ausgufswassers der Luftpumpe von der gerade in Untersuchung befindlichen Kältemaschine; ferner enthält der Raum die Betriebsdampfmaschine der Station und den Apparat zur kontinuierlichen Erwärmung der Salzlösung. Im Rohrkanal liegen zwei Stränge von je 100 mm Lichtweite für Zu- und Rückleitung der Salzlösung, jeder wieder mit vier T-Stücken zum Anschlufs an die Kältemaschinen; wie aus den eingezeichneten Pfeilen ersichtlich, kommt die abgekühlte Lösung über der Mitte eines aus zwei Abteilungen bestehenden Mefsgefäfses (*c*) im Raum *C* an. Die beiden Hälften dieses Reservoirs (je ca. 1200 l fassend) sind durch eine eingenietete Scheidewand mit genau horizontaler Oberkante getrennt und eine drehbare Stopfbüchse erlaubt es, das Ausgufsrohr nach Bedarf über die eine oder andere Abteilung zu stellen. In beiden befinden sich Bodenventile zum Ablassen des Inhaltes in ein darunter stehendes gröfseres Reservoir; dieselben sind zum Niederschrauben von oben eingerichtet und von ihrer Dichtheit kann man sich jederzeit durch den Augenschein überzeugen. Es ist einleuchtend, dafs auf diese Weise eine genaue Aichung der in einer bestimmten Zeit, z. B. pro Stunde zirkulierenden Salzlösungsmenge erreicht wird.

Aus dem unter *c* (Fig. 3) gelegenen Sammelreservoir saugt eine Rotationspumpe *s* (Fig. 4), eine sogenannte Enkepumpe, die Flüssigkeit an und befördert sie in das Gefäfs *d*, den Wärmeaustauschapparat, aus welchem sie dann, wie die Pfeile in Fig. 4 zeigen, wieder zu den Kältemaschinen zurückkehrt. Die Flüssigkeitsmenge, welche in der Zeiteinheit cirkulieren mufs, hängt natürlich von der Kälteleistung der Maschine ab und ändert sich ganz proportional damit, da der zweite Faktor, die Differenz zwischen Eintritts- und Austrittstemperatur, nach dem speciellen Programm in allen Fällen den nämlichen Wert hat. Die Einrichtung an der Pumpe, um innerhalb weiter Grenzen variable Leistungen zu erzielen, besteht auch hier in einem Rücklaufrohr, durch welches ein Teil der aus dem Sammelbassin angesaugten Salzlösung wieder in dasselbe zurückströmen kann; die Menge wird durch ein Ventil reguliert. Das Rohr ist im Grundrifs (Fig. 4) angedeutet. In dem Reservoir *d* verteilt sich die Salzlösung vermittelst eines Sammelstückes, in welches die Druckleitung der Pumpe *s* einmündet, in eine Anzahl von Schlangenröhren, welche sich in einem gleichen Sammelstück wieder vereinigen, an das die Rückleitung zu den Kältemaschinen sich anschliefst; auf diese Art wird eine Heizfläche von 29 qm gewonnen, die nach dem ursprünglichen Plan aufsen von Kühlwasser bespült werden sollte. Dasselbe wird durch eine von der Transmission (s. Fig. 3) angetriebene Schraube in lebhafter Cirkulation erhalten. Eine zweite Enkepumpe *u* sollte nämlich aus der Grube *h* das Ausgufswasser der Luftpumpe ansaugen und in das Gefäfs *d* fördern, von wo dasselbe dann nach Abkühlung durch die Salzlösung der allgemeinen Entwässerungsleitung der Station zufliefsen sollte, wie in Fig. 4 angedeutet ist. Um je nach der Leistung der Kältemaschinen verschiedene Wärmemengen der Salzlösung zuführen zu können, war auch die Pumpe *u* mit einem durch ein Ventil regulierbaren Verbindungsrohr zwischen Saug- und Druckleitung ausgerüstet. Das Gefäfs *d* spielt für die Herstellung und Erhaltung des Beharrungszustandes eine sehr wichtige Rolle, insofern letzterer davon abhängt, dafs der Salzlösung, so lange sie sich aufserhalb des Verdampfers befindet, genau die gleiche Wärmemenge wieder zugeführt wird, welche ihr in der Kältemaschine entzogen wurde und es mufste deshalb die Regulierung der Wärmezufuhr eine rasche und gleichzeitig ausgiebige sein, um etwa vorkommenden Schwankungen sofort begegnen zu können. Zu diesem Zweck erwies sich aber bei den ersten Vorversuchen die oben geschilderte Einrichtung als durchaus ungenügend, weil die Temperatur des Wassers in der Grube *h* nicht ganz konstant war und daher mit einem unbekannten Faktor gerechnet werden mufste; aufserdem kam es auch vor, dafs bei sehr niedrigen Salzlösungstemperaturen an den Stellen geringerer Cirkulation sich Eis bildete und somit die Heizfläche veränderlich war. Es blieb daher nichts anderes übrig als das Gefäfs *d* mit Salzlösung zu füllen und diese durch eine Dampfheizung zu erwärmen; im Kessel *i* geht ein (nicht eingezeichnetes) Rohr mit Absperr- und Regulierventil nach *d* hinüber zur Bedienung einer Heizschlange, deren Kondensat in die Entwässerungsleitung der Anlage entweicht; durch entsprechendes Regulieren nach den Angaben zweier in die Zu- und Ableitung der Salzlösung unmittelbar vor dem Gefäfs *d* eingesetzten Thermometer unter gleichzeitiger Handhabung des Rücklaufventils der

Pumpe *s* gelingt es, die Wärmeaufnahme im Gefäſs *d* mit der Abkühlung durch die Kältemaschine ins Gleichgewicht zu bringen und damit den Beharrungszustand — von unvermeidlichen Schwankungen abgesehen — zu erhalten.

Eine nicht zu umgehende Schwierigkeit ergab sich aus dem Umstand, daſs die Salzlösung wegen der Einschaltung des Meſsgefäſses c nicht in kontinuierlichem Strom, sondern in Zwischenräumen in das darunter liegende Sammelbassin gelangte. Wenn in den sich allmählich erwärmenden Inhalt des letzteren plötzlich 1200 l Salzlösung von der dem jeweiligen Versuch entsprechenden Temperatur abgelassen wurden, so entstanden natürlich Schwankungen in der Temperatur, mit welcher die Salzlösung in das Wärmeaustauschgefäſs eintrat, und es ist leicht begreiflich, daſs es ungemein schwierig war, diesen variablen Verhältnissen stets bei der Regulierung Rechnung zu tragen.

Der weitere Inhalt des Raumes *C* läſst sich nun in kürzerer Weise beschreiben; bei *e* befindet sich eine Meſsvorrichtung für das von der Kältemaschine verbrauchte Kühlwasser, welche vollkommen identisch mit der für die Salzlösung bestimmten ist. Im Rohrkanal liegen zwei Stränge für Kühlwasserzu- und -rückleitung, genau so disponiert, wie die Rohre für Salzlösung und von derselben lichten Weite (100 mm); nach *e* gelangt das Kühlwasser auf dem Rückwege von den Kondensatoren der Kältemaschinen, die Zuleitung geht von dem groſsen Reservoir *b* aus, wie aus Fig. 3 und 4 klar ersichtlich. Aus der unter dem Meſsgefäſs *e* befindlichen Grube *f* entnehmen die Betriebsdampfmaschinen der Kältemaschinen ihr Einspritzwasser; doch ist für den Fall, daſs bei sehr geringer Kälteleistung das für die Kältemaschine genügende Kühlwasser für die Dampfmaschine nicht ausreicht, eine eigene Leitung von *b* her angeordnet, welche das fehlende Quantum direkt in die Grube *f* liefert. Um sicher zu sein, daſs der Dampfmaschine das Einspritzwasser nicht durch zu weit gehende Entleerung der Grube *f* (welche ihr Abwasser in die allgemeine Entwässerungsleitung liefert) einmal ausgehen könnte, ist ein elektrischer Schwimmer eingesetzt, welcher bei zu tiefem Stande des Wasserspiegels in der Grube den Maschinisten alarmiert.

Endlich sind noch die Meſsvorrichtungen für das Abwasser der Luftpumpe, sowie für das Kondensierwasser aus Leitung und Dampfmantel zu erwähnen. Die Luftpumpe der gerade in Untersuchung befindlichen Dampfmaschine — wir denken hier und im folgenden an Kältemaschinen des Kompressionssystems — liefert ihr Ausguſswasser in ein Meſsgefäſs (s. Fig. 6) mit Ponceletmündung von

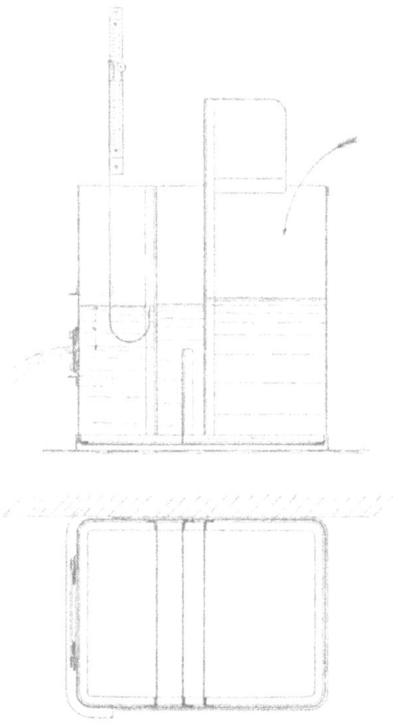

Fig. 6.

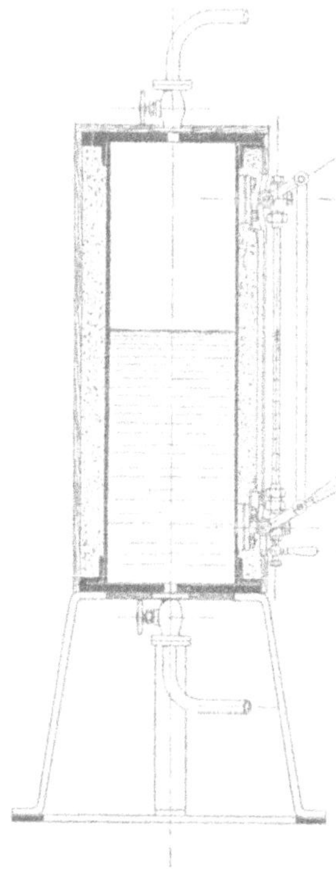

Fig. 7.

150 mm Breite bei 15 mm Höhe, für welche aus den bekannten klassischen Versuchen von Poncelet und Lebros der Ausfluſskoëffizient in der Formel

$$Q = \mu \, ab \sqrt{2gh}$$

genau bekannt ist. Hierin bedeuten a, b Breite resp. Höhe der Mündung, h die Druckhöhe über der Mitte derselben und μ den erwähnten Ausfluſskoëffizienten. Die Messung der Druckhöhe erfolgt nach dem Verfahren von Francis mittels einer aus dem Wasser von unten auftauchenden Spitze, deren Erscheinen resp. Verschwinden bei ruhigem Wasserspiegel mit der gröfsten Schärfe beobachtet werden kann. Die Spitze ist am umgebogenen Ende eines starken Drahtes angefeilt, der an einem mittels Zahnstange und Trieb längs einer festen Millimeterskala verschiebbaren Nonius befestigt ist.[1]) Man liest die jeweilige Stellung des Index ab in dem Augenblick, wo man die Spitze in die Wasserspiegelebene gebracht hat, und am Ende des Versuches läfst man das Gefäfs bis zu der genau horizontal eingestellten Unterkante der Mündung auslaufen, stellt wieder ein und liest abermals ab; subtrahiert man von der Differenz die halbe Mündungshöhe, so ergibt sich die Gröfse von *h*, und zwar mit verschwindend geringem Fehler, weil sich blofs die Differenzen der etwaigen Ablesungsfehler geltend machen.

Die Messung des Kondensierwassers aus Leitung und Dampfmantel erfolgt einfach durch Wägung der von den betreffenden Kondensationstöpfen während der Versuchszeit gelieferten Wassermengen; die Rohre, welche von den Töpfen zur Messungsstelle im Raum *C* führen, sind in der stets bis zu einem Überlauf mit Wasser gefüllten Grube *h* der Kühlung halber spiralförmig gewunden, so dafs das Wasser mit einer Temperatur austritt, welche Verluste durch Verdampfung ausschliefst. Die Kondensationstöpfe fungierten ganz anstandslos, doch wurde zur Kontrolle das im Mantel kondensierte Wasser auch noch so gemessen, dafs im Fundamentraum der Maschine ein cylindrisches Gefäfs (s. Fig. 7) von 1000 mm Höhe und 300 mm lichter Weite gut gegen Ausstrahlung geschützt aufgestellt wurde, in welchem sich das Kondensierwasser aus dem Mantel sammelt. Der Inhalt des Gefäfses ist durch Aichung genau ermittelt und an einer hinter dem Wasserstandsglase angebrachten Skala in Litern abzulesen. Von Zeit zu Zeit wird mittels des Bodenventils eine bestimmte Anzahl Liter abgelassen, und wenn man dafür sorgt, dafs zu Anfang und Ende der Wasserstand derselbe ist, so gibt diese Methode ganz zuverlässige Resultate. Jede Unregelmäfsigkeit macht sich sofort durch unregelmäfsiges Steigen des Wasserspiegels bemerklich; es kam vor, dafs das Bodenventil

1) Dieselbe Vorrichtung, wie in Fig. 5 dargestellt, war auch hier in Anwendung.

Messraum.

undicht wurde und der Apparat infolgedessen zu wenig Wasser anzeigte — in solchem Falle konnte durch ein Umschalteventil der Kondensationstopf in Verwendung genommen werden.

In dem Raum *C* befindet sich eine Hochdruckdampfmaschine mit durch den Regulator verstellbarer Rider steuerung, von der Maschinenfabrik Augsburg ausgeführt; dieselbe hat 190 mm Bohrung und 450 mm Hub und läuft normal mit 135 Touren pro Minute. Sie dient zum Betrieb der Transmissionen, welche die Brunnenpumpe *a*, die Cirkulationspumpen *s* und *u*, das Rührwerk in *d* sowie die Speisepumpen zu treiben haben, und bezieht ihren Dampf aus dem Kessel *i* durch eine Leitung (in Fig. 4 angegeben) von 50 mm Lichtweite. Endlich ist noch in der Ecke des Raumes der Schornstein untergebracht, der bei 30 m Höhe und einer Lichtweite von 0,9 m die Heizgase vom Kessel *i* abzuführen hat.

In der beigegebenen Lichtdrucktafel III ist links noch das Meſsgefäſs für Kühlwasser sichtbar, im Hintergrunde dasjenige für Salzlösung; in das Zulaufrohr der letzteren ist eine Drosselklappe (mittels eines deutlich sichtbaren Gradbogens stellbar) eingesetzt, um den Wasserspiegel im Verdampfer regulieren zu können. Man erkennt ferner den horizontalen Handhebel zum Drehen des Ausguſsrohres, sowie die Handräder zur Bedienung der Ablaſsventile. Im Hintergrunde ist das (horizontale) Rücklaufrohr mit Ventil erkennbar, welches zur Regelung der Salzwassermenge dient, ebenso die (vertikalen) Rohre, durch welche die Salzlösung in das Wärmeaustauschgefäſs tritt bezw. dasselbe verläſst. Letzteres nimmt die rechte Seite des Raumes ein; man sieht längs desselben oben das Dampfrohr vom Kesselhaus herüberkommen, welches den Heizdampf liefert, während ganz rechts noch der Abfluſsstutzen für das gebildete Kondensierwasser sichtbar ist. Dampfmaschine und Transmission bedürfen keiner weiteren Erläuterung.

Es ist selbstverständlich, daſs für ausgiebigste Umhüllung aller luftberührten Rohrleitungen Sorge getragen ist; dieselbe wurde in mustergiltiger Weise von der Firma Emmerling in Nürnberg ausgeführt.

Zwischen dem Neubau und dem älteren Gebäude *D*, *D* (s. Fig. 2) ist ein nicht überdeckter Hofraum *E* frei geblieben, in welchem die

Brunnenanlage nebst Pumpe und Reservoir untergebracht wurde. Der Brunnen hat bei 3 m Durchmesser eine Tiefe von 9 m und liefert sämtliches Kühl- und Speisewasser, das von der im Schacht montierten doppelten Pumpe *a* (von der Transmission mittels Riemenvorgelege angetrieben) in das Reservoir *b* geliefert wird und sich von da in die einzelnen Rohrstränge verteilt; ein Überlauf sorgt für Erhaltung konstanter Druckhöhe und läfst das überflüssige Wasser in den Brunnen zurückfliefsen.

In dem bestehenden Gebäude *D* (Fig. 2) sind Arbeitsräume für die Kommission, ein Sitzungszimmer, sowie Räume für die Aussteller und im ersten Stock Heizer- und Maschinistenwohnung eingerichtet.

Beschreibung der Kältemaschinen.

a) Kompressionsmaschine System Linde.

Ausgestellt von der Gesellschaft für Lindes Eismaschinen in Wiesbaden,

ausgeführt von der „Maschinenfabrik Augsburg" in Augsburg.

Es kann sich an dieser Stelle nicht darum handeln, die allgemein bekannte Konstruktion der Lindeschen Maschine zu beschreiben; wir beschränken uns auf Hervorhebung weniger Einzelheiten. Dem Programm entsprechend ist eine Maschine Nr. V des Prospektes zur Aufstellung gewählt worden, welche sich von den überall in der Praxis arbeitenden Maschinen gleicher Gröfse nur durch die specielle Eigentümlichkeit unterscheidet, dafs der Verdampfer sowohl mit normaler Röhrenoberfläche von ca. 66 qm, als auch mit dem doppelten Betrage von ca. 132 qm betrieben werden kann.

Die Gesamtanordnung geht aus der beigegebenen Lichtdrucktafel IV deutlich hervor; ungefähr in der Mitte des zur Verfügung gestellten Raumes ist die Dampfmaschine mit dem Kompressor in der gewöhnlichen Anordnung montiert, die Kurbeln unter 90° versetzt, während die an den Mefsraum bezw. das Kesselhaus angrenzenden Ecken vom Kondensator bezw. den beiden, ganz gleichen

Verdampfern eingenommen sind. Die Maschine war zur Zeit der photographischen Aufnahme für doppelte Verdampferfläche eingerichtet, und zwar in der Weise, daſs die eine Seite des Kompressors mit dem Verdampfer I, die andere mit dem Verdampfer II in Verbindung stand — man sieht deshalb zwei Saugleitungen, welche vom Kompressor vertikal in die Höhe steigen und dann horizontal nach den Sammelstücken der Verdampfer hinübergeführt sind. Letztere sind durchaus in der gewöhnlichen Weise konstruiert und bestehen, wie die beifolgende Fig. 8 zeigt, aus je 4 konzentrischen Rohrspiralen, welche einerseits mit der von den beiden Regulierventilen I und II (in der Abbildung deutlich erkennbar) abzweigenden Leitung, andererseits mit der zum Kompressor führenden Saugleitung durch die normalen Sammelstücke in Verbindung stehen. Der Antrieb und die Achse des Rührwerkes sind in der Skizze angedeutet, die Flügel des letzteren

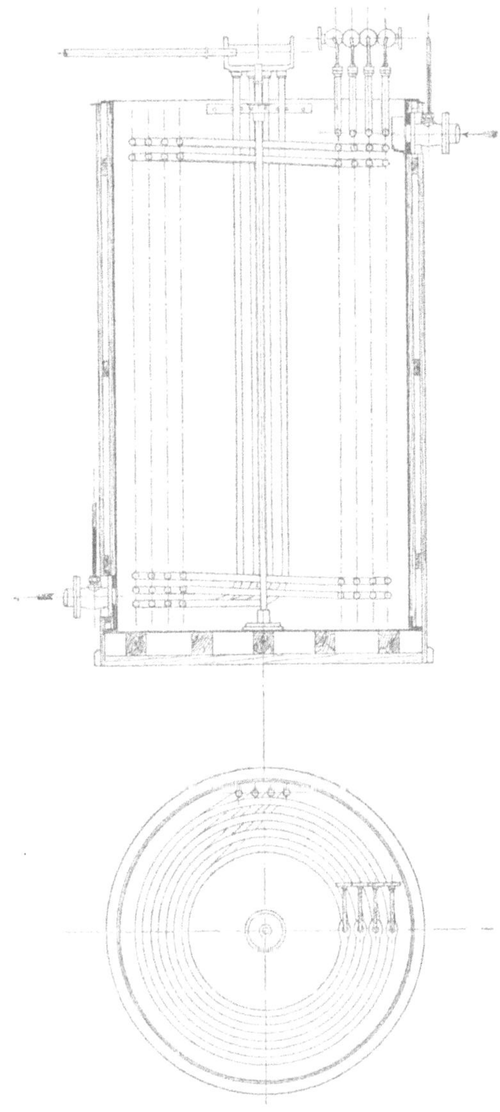

Fig. 8.

der Deutlichkeit halber weggelassen. Die Art und Weise der Anbringung der Thermometer zur Messung der Salzwassertemperaturen geht aus der Fig. 8 gleichfalls deutlich hervor; es sind eigene Rohrstutzen angefertigt worden, welche den Ausstellern seitens der Kommission zur Verfügung gestellt werden, um bei allen untersuchten Maschinen die Temperaturmessung ganz gleichartig zu erhalten. Fig. 9 stellt einen solchen Thermometerstutzen dar; die Hülse, in der das Thermometer steckt, wird so weit

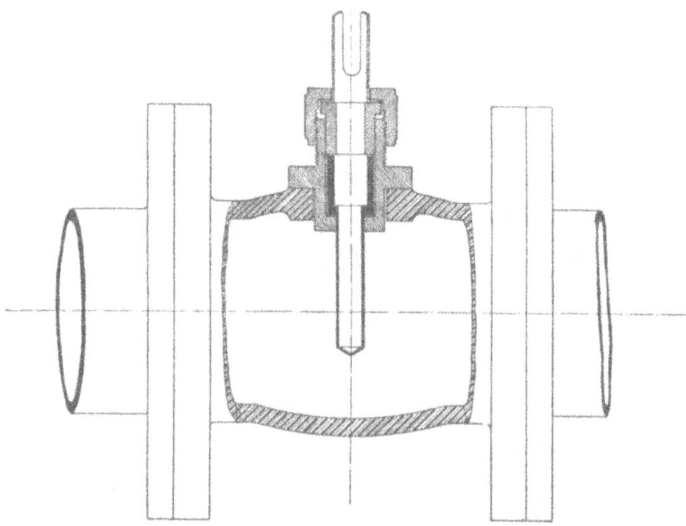

Fig. 9.

mit Quecksilber gefüllt, daſs die Kugel davon ganz umgeben ist, und dann bis oben mit Öl vollgegossen. Die Art und Weise, wie die Salzlösung cirkuliert, geht aus der Skizze Fig. 10 hervor; sie tritt bei *a* in den ersten Verdampfer ein, durchströmt denselben von oben nach unten, tritt bei *b* aus und bei *c* in den zweiten Verdampfer ein, welchen sie bei *d* verläſst. Genau den gleichen Weg macht die Salzlösung auch dann, wenn nur ein Verdampfer benutzt wird — die Temperaturmessung erfolgt in diesem Falle bei *c* und *d*, statt bei *a* und *d*. Natürlich wird dann auch die doppelte Saugleitung durch eine einfache ersetzt, welche sich nach den beiden Cylinderseiten hin gabelt. Die Druckleitung mündet in ein neben

Maschine Linde.

dem Cylinder sichtbares Sammelgefäſs, aus welchem sie zuerst vertikal in die Höhe und dann horizontal nach dem Kondensator hinübergeführt ist, welcher ganz im Hintergrunde des Raumes steht. Das Sammelgefäſs besteht aus zwei über einander gestellten, vollkommen getrennten Teilen — der obere ist dazu bestimmt, die kleinen Mengen der in der Stopfbüchse verwendeten Sperrflüssigkeit, welche trotz der Dichtung in den Cylinder eindringen, nicht mit

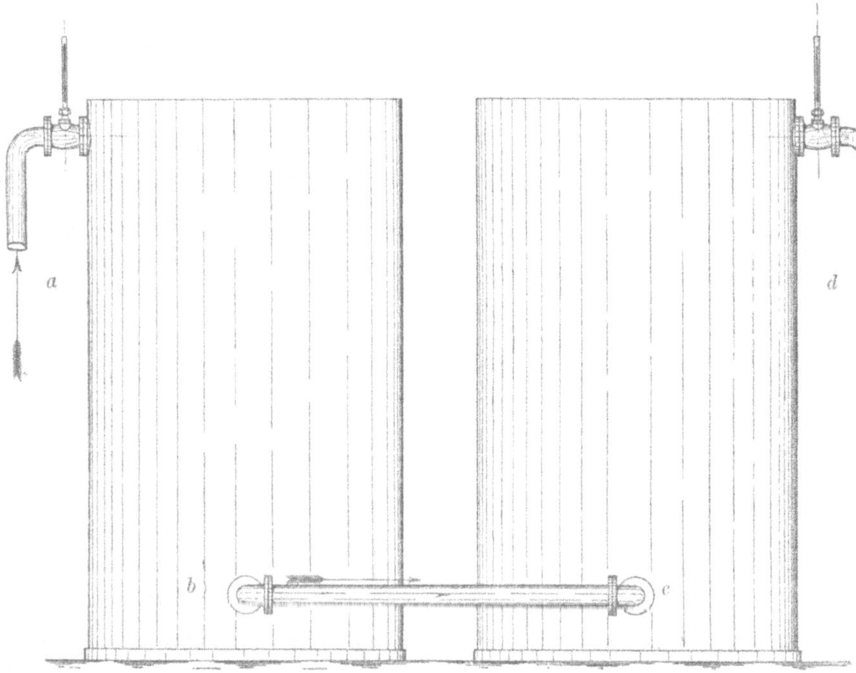

Fig. 10.

den Ammoniakdämpfen in die Rohrleitungen gelangen zu lassen, wo sie die physikalischen Eigenschaften des Ammoniaks in einer für den kalorischen Arbeitsprozeſs nachteiligen Weise alterieren würden. Sie setzen sich in dem Sammelgefäſs ab und werden von hier aus vermittelst eines selbstthätigen Hahnes durch ein (neben der Druckleitung sichtbares) Rohr einem Rektifikationsapparat (in der Ecke rechts vom Verdampfer erkennbar) zugeführt, in welchem die absorbierten Ammoniakdämpfe ausgeschieden und der Saugleitung zugeführt werden (durch das von dem Rektifikator aufsteigende und dann sich horizontal nach links wendende Rohr), während die von Ammoniak befreite Sperrflüssigkeit einfach abgelassen werden kann.

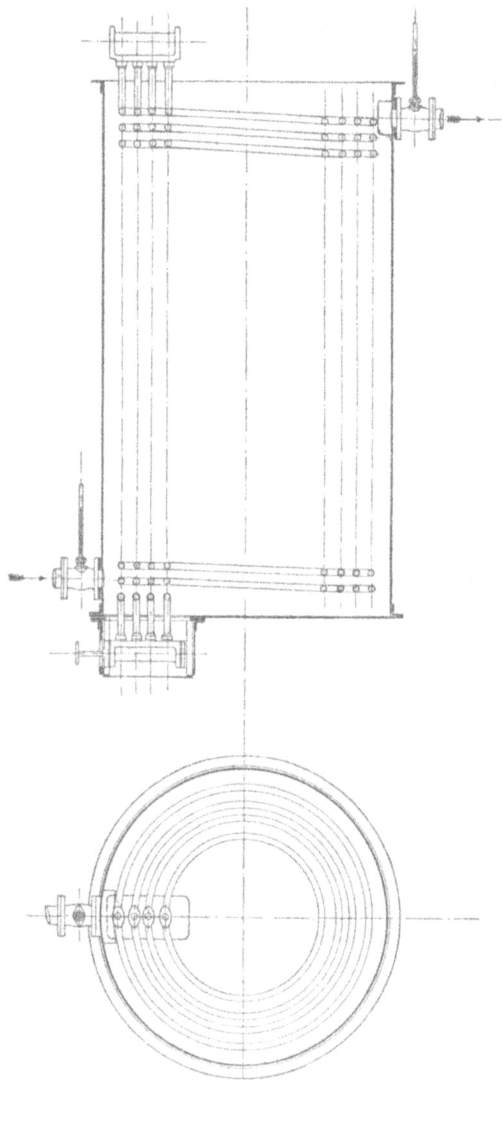

Fig. 11.

Der Kondensator bietet gleichfalls gar keine von der üblichen Anordnung abweichende Besonderheiten, er besteht, wie die Skizze Fig. 11 zeigt, aus 4 konzentrischen Spiralen, die durch Sammelstücke oben an die Druckleitung, unten an die Flüssigkeitsleitung für Ammoniak angeschlossen sind. Letztere geht dann unter dem Boden zu dem oben erwähnten unteren Teil des Sammelgefäfses, welcher als kleines Reservoir für flüssiges Ammoniak zwischen Kondensator und Verdampfer eingeschaltet ist. Von diesem führt eine Leitung zu den Regulierventilen bezw. Verdampfern. Während der Versuche war jedoch teilweise auch eine direkte Verbindung zwischen Kondensator und Verdampfer, mit Umgehung des Sammelgefäfses, in Benutzung; dieselbe ist in dem Lichtdruck als Abzweigung links neben der andern zu erkennen.

Der Betrieb des Rührwerkes im Verdampfer erfolgt mittels Hanfseiltransmission von der Hauptwelle aus, sonstige Nebenapparate sind keine vorhanden, da das Kühlwasser von der Versuchsstation geliefert wird. Die Dampfmaschine ist die normale, allbekannte Ventilmaschine der Maschinenfabrik Augsburg; sie liegt mit rechtwinkelig versetzter Kurbel auf der andern Seite des Schwungrades, die Kondensation befindet sich im Fundamentraum mit Antrieb der Luftpumpe durch ein Excenter. Die Dampfleitung, welche an der Rück- und Seitenwand des Raumes über dem Kondensator sich hinziehend sichtbar ist, kommt vom Batteriekessel; die bei den Versuchen benutzte, vom Destillationskessel kommende liegt ganz im Fundament und tritt von unten in den Dampfmantel ein, mit welchem auch die Heizung des hinteren Cylinderdeckels in Verbindung steht.

Die wichtigsten, an der Maschine selbst genommenen Abmessungen von Dampfcylinder und Kompressor enthält die folgende Tabelle; nach Vorschrift des speciellen Programms wurden auch die Heiz- bezw. Kühlflächen im Kondensator und Verdampfer durch die Kommission in natura abgemessen und sind gleichfalls in die Tabelle aufgenommen.

Tabelle I.

Maschine Linde.

Hauptdimensionen der Cylinder.

		Dampfmaschine	Kompressor
Cylinderdurchmesser	cm	30,55	25,03
Kolbenstangendicke	cm	4,85	5,5
Wirksame Kolbenfläche qcm	vorn	714,54	468,29
	hinten	733,01	492,05
Hub	m	0,70	0,42
Konstante $\frac{F \cdot s}{60 \cdot 75}$	vorn	0,11115	0,04371
	hinten	0,1140	0,04592
Pro Hub beschriebenes Volumen in Litern	vorn	50,0	19,7
	hinten	51,3	20,7
„ „ „ „	im Mittel	50,6	20,2

Heiz- bezw. Kühlflächen.

		Verdampfer I	Verdampfer II	Kondensator
Durchmesser der Rohre . . . . . mm	aufsen	40,5	40,5	38,5
	innen	32	32	30
Gesamte benetzte Rohrlänge . . . . m		556,5	558,5	556,2
Gesamte benetzte Oberfläche . . . qm	aufsen	70,8	71,1	67,3
	innen	55,9	56,1	52,4
	Mittel	63,3	63,6	59,8
In den Apparaten befindliche Salz- bezw. Kühlwassermenge . . . . cbm		5,40	5,40	5,43

Die geringe Abweichung von der verlangten Gröfse (66 qm) wurde von der Kommission als belanglos erklärt. Von Interesse ist ferner noch das Gewicht der in der Maschine arbeitenden Menge von Ammoniak, welches nur 80 kg beträgt. Dasselbe stammt aus den Fabriken von Kuhnheim & Co., Berlin-Johannisthal, und Aktienges. für chemische Industrie, Rheinau i. B., und wurde direkt aus den schmiedeeisernen Flaschen in die Maschine eingefüllt.

b) Kompressionsmaschine, neues System R. Pictet.

Ausgestellt von Rudloff-Grübs & Co. in Berlin,

ausgeführt von der Sächsischen Maschinenfabrik in Chemnitz, vormals Richard Hartmann.

Als verdampfende Flüssigkeit ist bei dieser Maschine bekanntlich die sogenannte „Flüssigkeit Pictet“ in Verwendung, der Hauptsache nach wasserfreie schweflige Säure mit einem ganz geringen Zusatz von Kohlensäure. Die Maschine ist, wie die beigeheftete Lichtdrucktafel V[1]) erkennen läfst, so angeordnet, dafs der Kom-

[1]) Zur Herstellung von Tafel V mufste ein vorhandenes, kleines Negativ benutzt werden, welches, viermal linear vergröfsert, kein so scharfes Bild liefern konnte, wie die übrigen unter wesentlich günstigeren lokalen Verhältnissen gemachten Aufnahmen.

Maschine Pictet.

pressor und Dampfcylinder hinter einander liegen und die beiden Kolben durch eine gemeinschaftliche Kolbenstange verbunden sind. Die Einlafsventile der Dampfmaschine sind nach dem unter Nr. 23642 im Deutschen Reiche patentierten System **Höpner** (mit gezwungener Ventilbewegung) gesteuert, während zur Bewegung der Auslafsventile Daumen in Verwendung sind, welche zur Erzielung der entsprechenden Kompression verstellt werden können. Die Einlafsventile stehen unter der Kontrolle eines Porter'schen Regulators, der mit verschiebbarem Gegengewicht versehen und so eingerichtet ist, dafs er die Tourenzahl von 35—75 pro Minute zu verändern gestattet. Im Fundament steht die vertikale, vom Kreuzkopf aus angetriebene, einfach wirkende Luftpumpe. (Der Handgriff zur Bedienung des Einspritzhahnes ist rechts auf der Tafel noch zu sehen.) Der Cylinder hat Dampfmantel am Umfang und an beiden Deckeln, das Einlafsventil liegt in der Höhe der Cylinderachse und wird durch das vor dem Cylinder sichtbare Handrad bedient. Auch der Kompressor ist mit einem Mantel am Umfang versehen, in welchem Kühlwasser cirkuliert, welches nach Austritt aus dem Mantel auch noch die hohle Kolbenstange passiert; zur Einführung in letztere und zur Ableitung des erwärmten Wassers dienen die beiden über der Gradführung des Kompressors sichtbaren Gummischläuche, welche einerseits die Bewegung des Kreuzkopfes mitmachen und andererseits an einem aus gebogenen Rundeisen bestehenden Gestell befestigt sind. An dem linken Teil des letzteren ist das Abflufsrohr des Kolbenstangen- und Mantelkühlwassers zu erkennen, welches das Wasser durch einen am Maschinengestell befestigten Trichter der Entwässerungsleitung zuführt; an dieser Stelle wurde mittels eines eingeschalteten Mefsgefäfses Menge und Temperatur des austretenden Kühlwassers bestimmt.

Der Kompressor ist doppeltwirkend, mit je zwei Saug- und Druckventilen auf jeder Seite; links steigt die Druckleitung, rechts die Saugleitung vertikal an, um dann in der Höhe horizontal zum Kondensator bezw. Verdampfer geführt zu werden; die Vorderwand des letzteren nimmt den Hintergrund des Bildes ein; der Kondensator steht links und ist auf der Tafel nicht mehr sichtbar.

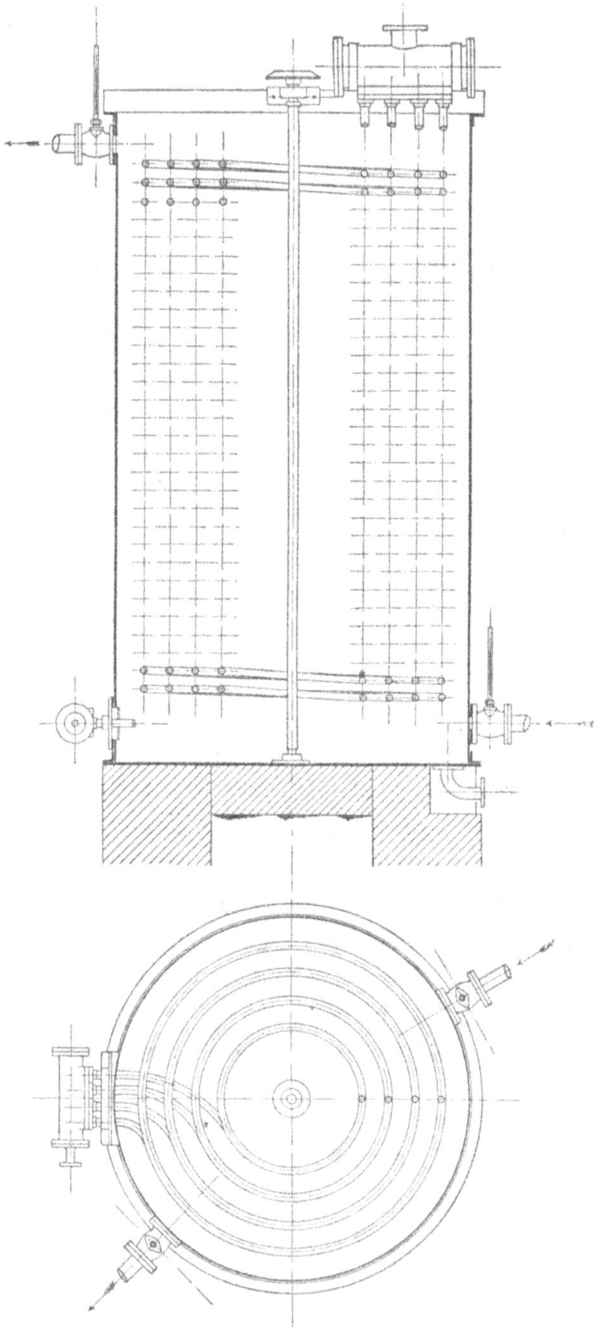

Fig. 12.

Die Anordnung des Kondensators ist die übliche, wie aus der Skizze Fig. 12 hervorgeht; er besteht aus schmiedeisernen, spiralig gewundenen Rohren, in vier konzentrischen Systemen angeordnet und an die Druck- resp. Flüssigkeitsleitung durch Sammelstücke angeschlossen. Bemerkenswert ist, dafs das Rührwerk des Kondensators durch einen Schmidtschen hydraulischen Motor getrieben wurde, der in die Injektionswasserleitung der Dampfmaschine eingeschaltet und durch das hier zu Gebote stehende Gefälle in Bewegung gesetzt war. Wesentlich verschieden war die Anordnung des Verdampfers, von welcher Fig. 13 eine Vorstellung gibt; er besteht aus zwei ganz symmetrischen Abteilungen, die in einem schmiedeisernen Reservoir von 5,65 m lichter Länge bei 3,71 m lichter Breite und 1,5 m Höhe liegen. Jede Abteilung besteht aus 36, in der Vertikalebene mehrfach hin- und hergeführten Röhren, welche sämtlich an Sammelstücke *s,s* angeschlossen sind, die über die ganze Breite des Verdampfers sich erstrecken. Als Sammelreservoir für die Gase dient ein Rohr *S* von 3,5 m Länge und 0,35 m Durchmesser; die vom Kondensator kommende Flüssigkeit tritt bei *a* ein, passiert eine Art Injektor[1]), in welchem die Druckdifferenz zwischen Kondensator und Verdampfer dazu benützt wird, dem Kompressor einen Teil der Saugarbeit abzunehmen und die Dampfentwicklung zu befördern; dann gelangt die Flüssigkeit in den unteren Teil von *S*, wo sie sich mittels der unteren Sammelstücke *s* in die Rohrsysteme verteilt, während die Dämpfe durch die oberen Sammelstücke *s* nach *S* gelangen und bei *b* abgesaugt werden. Ein von der Dampfmaschinenwelle durch Hanfseiltransmission in Bewegung versetztes Rührwerk (Schraubenflügel) dient zur Cirkulation der bei *c* eintretenden und bei *d* austretenden Salzlösung. Übrigens cirkulierte nur ein Teil der Füllung des Verdampfers in der Leitung zum Wärmeaustauschgefäfs, der gröfsere Teil blieb fortwährend im Verdampfer und wurde in demselben durch die Schraube herumgetrieben. Bei den Versuchen mit einfacher Fläche wurde die eine Abteilung durch Blindflanschen an den Sammelstücken *s* ausgeschaltet, ohne im übrigen irgend etwas zu verändern.

---

[1]) D. R. P. 48476.

Die Maschine wurde in Betrieb genommen mit einer Füllung von 1657 kg Flüssigkeit Pictet bei doppelter und 1070 kg bei

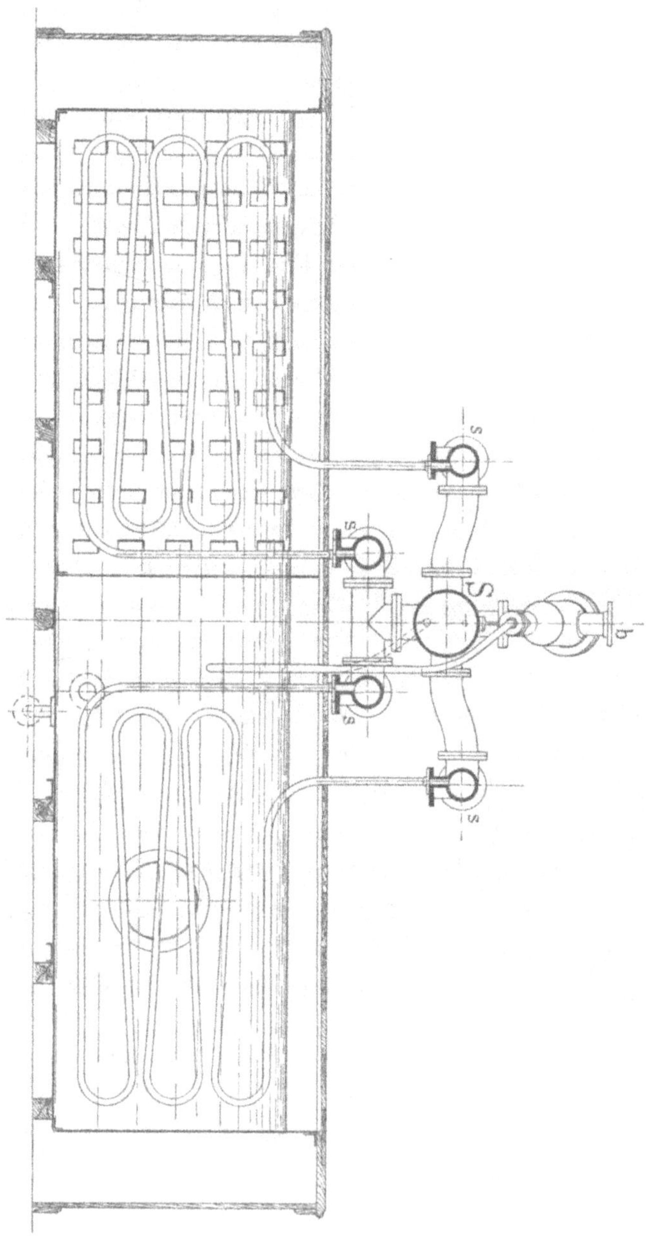

Fig. 13 a.

einfacher Fläche; die Flüssigkeit wird von der Firma Rudloff-Grübs & Co. in schmiedeeisernen Flaschen geliefert. Die Hauptabmessungen sind in der Tabelle II zusammengestellt.

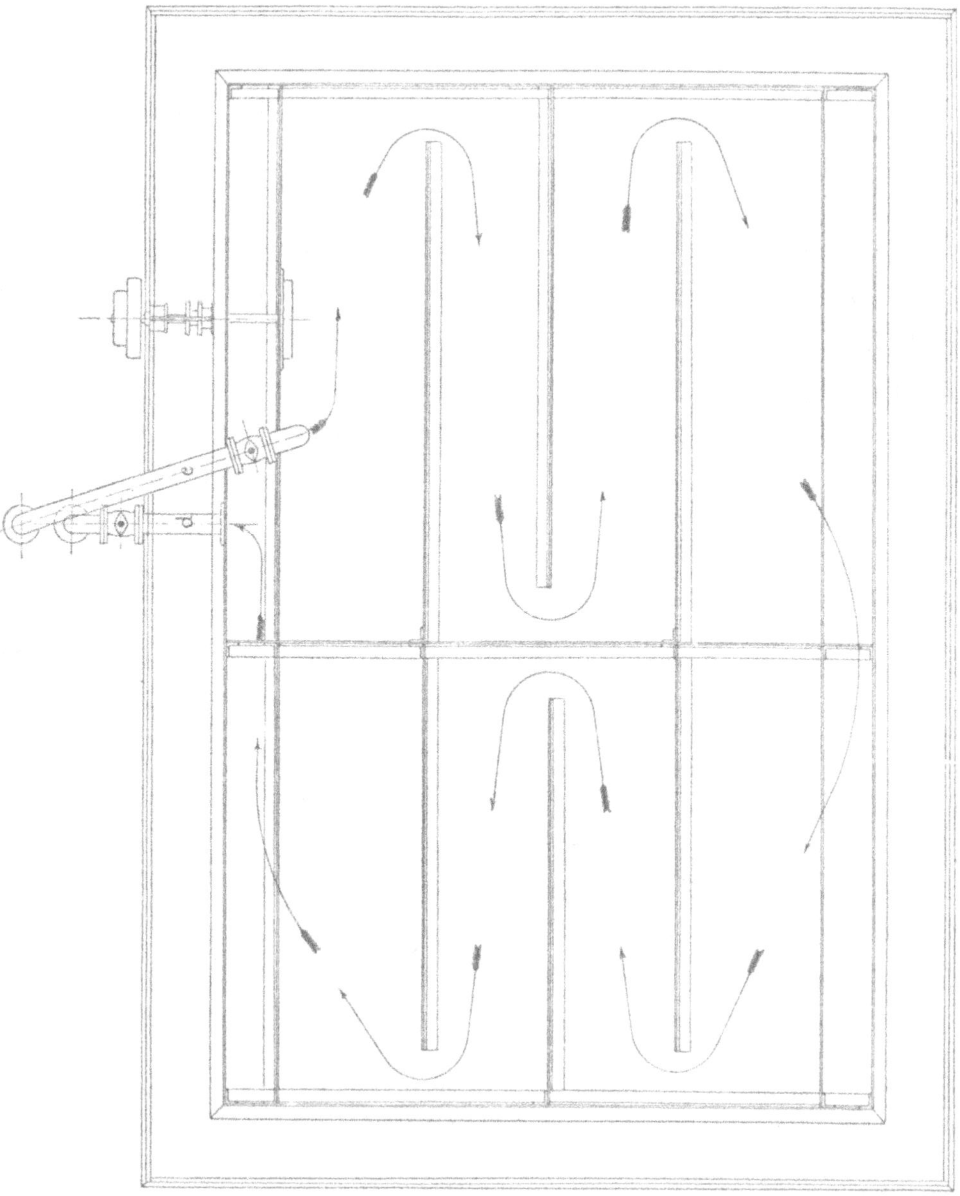

Fig. 13 b.

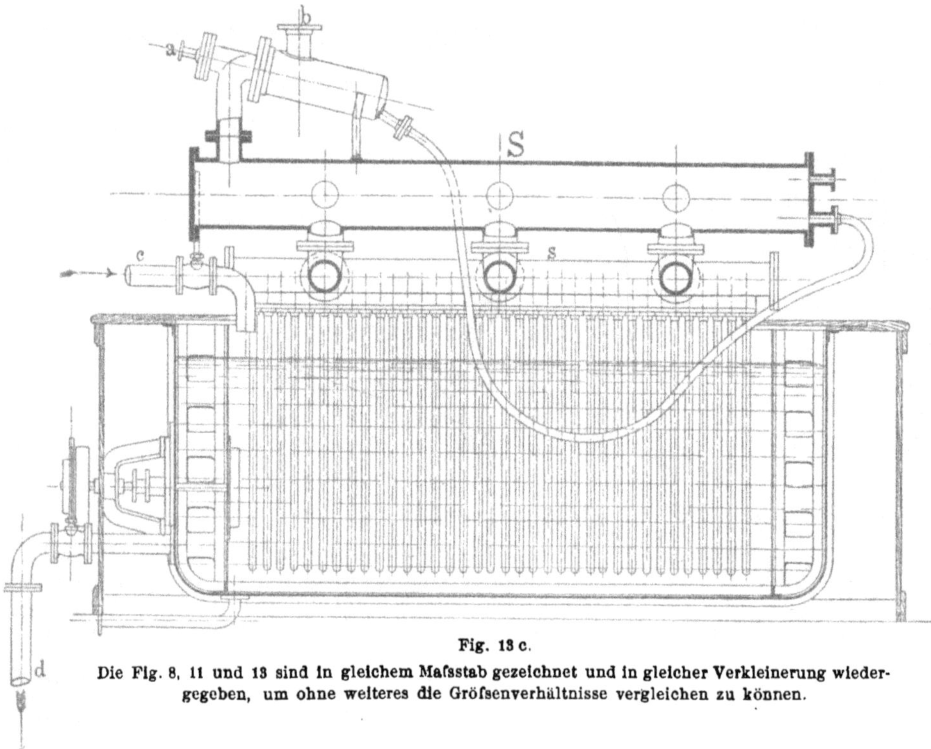

Fig. 13 c.

Die Fig. 8, 11 und 13 sind in gleichem Mafsstab gezeichnet und in gleicher Verkleinerung wiedergegeben, um ohne weiteres die Gröfsenverhältnisse vergleichen zu können.

Tabelle II.

Maschine Pictet.

Hauptdimensionen der Cylinder.

		Dampfmaschine	Kompressor
Cylinderdurchmesser . . . . cm		31,63	28,6
Kolbenstangendicke (vorn und hinten gleich) cm		5,0	5,0
Wirksame Kolbenfläche . . . . . qcm	vorn	766,13	622,78
	hinten		642,42
Hub . . . . m		0,620	0,620
Konstante $\frac{F \cdot s}{60 \cdot 75}$	vorn	0,10556	0,0858
	hinten		0,0885
Pro Hub beschriebenes Volumen in Litern	vorn		38,6
	hinten		39,8
" " " " im Mittel		47,5	39,2

Heiz- bezw. Kühlflächen.

		Verdampfer I	Verdampfer II	Kondensator
Durchmesser der Rohre . . . . mm	aufsen	44	44	44
	innen	36	36	36
Gesamte benetzte Rohrlänge . . . . m		36 · 14,95 = 538,2	36 · 14,95 = 538,2	483,1
Gesamte benetzte Oberfläche . . . qm	aufsen	74,39	74,39	66,8
	innen	60,87	60,87	54,6
	Mittel	67,6	67,6	60,7
In den Apparaten befindliche Salz- bezw. Kühlwassermenge . . . . cbm		29,50		10,20

Die ausgestellte Maschine ist in den Dimensionen des Kompressors kleiner, als die in der Industrie als Nr. V gelieferte Gröfse. Der Grund davon liegt darin, dafs der Aussteller laut einer zu den Akten der Kommission abgegebenen Erklärung die Maschine für den Zweck gebaut hat „unter allen programmäfsigen Betriebsverhältnissen jedesmal den besten, am meisten ökonomischen Wirkungsgrad zu erreichen — nicht aber für den, unter allen diesen so weit von einander abweichenden Verhältnissen stets mit konstanter Geschwindigkeit zu arbeiten“.

Die Versuche.

Zur Erprobung sämtlicher Einrichtungen und zur Einübung der Beobachter waren Vorversuche unerläfslich; dieselben wurden an der zuerst betriebsfertigen Lindeschen Maschine angestellt unter Teilnahme fast sämtlicher Kommissionsmitglieder, auch der auswärtigen. Die Versuche fanden statt in den Tagen vom 24.—26. Oktober 1889 und hatten das befriedigende Ergebnis, dafs die Einrichtungen der Station sich mit einer einzigen Ausnahme vorzüglich bewährten. Es betrifft dies die schon oben (S. 29) erwähnte Abänderung der Erwärmungseinrichtung für die Salzlösung. Am 27. Oktober fand unter Anwesenheit sämtlicher Kommissionsmitglieder, darunter die inzwischen kooptierten Herren Dr. L. Graetz, Privatdozent an der Universität München, und L. Gutermuth, Professor am Polytechnikum in Aachen, eine Sitzung statt, in welcher die folgenden speciellen Ausführungsbestimmungen für die beiden Maschinen von Linde und Pictet zur Beratung und Annahme gelangten. Dieselben geben ein getreues Bild von der Art und Weise, wie die Versuche durchgeführt wurden und mögen deshalb hier unverkürzt eingeschaltet werden.

Ausführungsbestimmungen für die Versuche an den Lindeschen und Pictetschen Maschinen.

a) Speisewassermessung.

Die Messung erfolgt ausschliefslich durch Wägung des während der Versuchszeit in den Kessel gepumpten Wassers vermittelst des auf der Wage montierten Speisereservoirs in folgender Weise: etwa 10 Minuten vor Beginn des Versuches wird die Speisepumpe abgestellt, nachdem der Wasserstand im Kessel die Höhe von ca. 2 cm über dem normalen Stand erreicht hat; ist derselbe durch die Dampfentnahme aus dem Kessel auf letzteren Stand zurückgegangen, so wird der Mefsapparat eingestellt, der Dampfdruck und der Wasserstand in dem Pumpenwindkessel notiert und damit der Versuch begonnen. Sodann wird das Speisereservoir gefüllt, die Wage zum Einspielen gebracht und das Gewicht notiert; der Beobachter setzt nun die Speisepumpe in Gang und reguliert ihre Lieferung so, dafs der Wasserstand im Kessel möglichst konstant bleibt. Jedesmal, wenn ein Zwischenabschlufs gemacht werden soll, was immer bei dem gleichen Dampfdruck wie zu Anfang des Versuchs geschehen soll (s. S. 20), wird vorher durch stärkeres Pumpen der Wasserspiegel im Kessel um 2 cm über den normalen Stand erhöht, die Speisepumpe abgestellt und nun, ohne zu speisen, so lange gewartet, bis der Wasserstand sich allmählich unter den gleichen Umständen wie zu Anfang des Versuches auf den anfänglich beobachteten Wert enriedrigt hat: in diesem Augenblick wird die Zeit notiert, welche für den Zwischenabschlufs gilt. Die Wage wird zum Einspielen gebracht und aus der Differenz der Gewichte die während der betreffenden Zeit dem Kessel zugeführte Wassermenge gefunden.

Alle 10 Minuten wird das Manometer am Destillationskessel und bei jeder Speisung die Temperatur des Speisewassers notiert.

Dasselbe Verfahren, wie oben geschildert, wird auch für den definitiven Abschlufs des Versuches innegehalten, um unter vollkommen gleichen Umständen abzuschliefsen, wie angefangen wurde, so dafs nur die Differenzen der möglichen Fehler zur Wirkung kommen.

Von dem gefundenen Speisewasserquantum ist bei Berechnung des Verbrauches der Maschine in Abzug zu bringen das

b) Kondensierwasser aus der Dampfleitung.

Dasselbe wird in der Weise gemessen, dafs einige Zeit vor Beginn des Versuches der Hahn, welcher für gewöhnlich dem angesammelten Kondensierwasser den Ausweg in die Ablaufgrube gestattet, geschlossen wird und dasselbe durch die im Mefsraum über Tag geführten Röhren austritt. Diese Mafsregel hat den Zweck, in dem Stück der Rohrleitung zwischen dem erwähnten Hahn und der Ausmündung mit Sicherheit den Beharrungszustand sich herstellen zu lassen, so dafs der Füllungszustand in dieser Leitung bei Beginn und Ende des Versuches — regelmäfsiges Funktionieren des Kondensiertopfes vorausgesetzt — der nämliche ist. Das Wasser wird in tarierten Kübeln aufgefangen und gewogen. Bei Beginn des Versuches wird der gerade in Füllung begriffene Kübel weggenommen und ein leerer untergeschoben.

Zur Messung des im Dampfmantel gebildeten Kondensationswassers wird in die betreffende Rohrleitung bei jeder Dampfmaschine ein Wassersammler eingeschaltet, bestehend aus einem vertikalen schmiedeisernen Rohr mit Wasserstandszeiger, aus welchem von Zeit zu Zeit eine durch Aichung des Rohres genau bekannte Wassermenge direkt in die Entwässerungsleitung abgelassen wird.

c) Indizierte Dampfmaschinenarbeit.

Zur Bestimmung derselben dienen 2 Indikatoren aus dem Inventar der k. technischen Hochschule, mit welchen auf beiden Kolbenseiten alle 10 Minuten Diagramme genommen werden. Die Federmafsstäbe werden vor den Versuchen und während derselben nach längeren Gebrauchsperioden im Laboratorium für Maschinenlehre an der k. technischen Hochschule durch direkten Vergleich mit dem offenen Quecksilbermanometer unter Dampfdruck und ebenso auf Vakuum geprüft. Von Zeit zu Zeit werden die Indikatoren vertauscht.

Die Indikatorprüfungen finden in Gegenwart der Aussteller statt; die Prüfungsprotokolle werden den Akten beigegeben. Die Diagramme werden sofort nach Entnahme planimetriert, und zwar doppelt, von zwei Beobachtern mit zwei Planimetern aus dem Inventar der k. technischen Hochschule; als mittlere Höhe wird dann das arithmetische Mittel beider Resultate angenommen. Sämtliche Originaldiagramme werden in geeigneter Weise bei den Akten aufbewahrt.

Die Dimensionen der Dampfmaschine, soweit sie zur Berechnung der indizierten Arbeit dienen, nämlich: Kolbendurchmesser, Dicke der Kolbenstange und Hub — werden in natura, die beiden ersten in warmem Zustande der Maschine abgenommen.

Zur Ermittlung der Tourenzahl ist an der Dampfmaschine ein zuverlässiger Tourenzähler in geeigneter Weise anzubringen, dessen Stand zu Beginn und Ende, sowie aufserdem alle 10 Minuten abzulesen ist. Das arithmetische Mittel der aus den Ablesungsdifferenzen berechneten minutlichen Tourenzahlen wird der Berechnung zu Grunde gelegt.

Manometer und Vakumeter werden ebenfalls alle 10 Minuten gleichzeitig mit der Indizierung abgelesen; dieselben werden vorher im Laboratorium für Maschinenlehre an der k. technischen Hochschule durch direkten Vergleich mit Quecksilbersäulen geprüft. Der Aussteller hat einen doppelten Satz sämtlicher Manometer zu liefern, so dafs die gebrauchten nach einiger Zeit weggenommen und durch inzwischen neu geprüfte

Instrumente ersetzt werden können, was in regelmäſsigem Wechsel zu geschehen hat.

Zu Anfang und Ende des Versuchs wird das Quecksilberbarometer abgelesen.

d) Indizierte Kompressionsarbeit.

Auf speziellen Wunsch des Ausstellers soll die Lindesche Maschine während des Hauptversuches nicht am Kompressor indiziert werden wegen der mit Anbringung der Hähne verbundenen Vergröſserung des schädlichen Raumes. Um jedoch das Verhältnis zwischen den indizierten Arbeiten der Dampfmaschine und des Kompressors ermitteln zu können, wird nachträglich ein Versuch mit Indizierung des Kompressors in der Weise ausgeführt, daſs mit den tiefsten Temperaturen angefangen und jeweilig bei erreichtem Beharrungszustand gleichzeitig Diagramme genommen werden; ein vollständiger Versuch wird, mit allen übrigen Messungen, nur bei den normalen Temperaturverhältnissen (— 2° und — 5°) der Salzlösung ausgeführt.

Das Umgekehrte findet bei der Maschine von Pictet statt, welche während des Hauptversuches auch am Kompressor indiziert werden soll.

In Bezug auf die Entnahme von Diagrammen gelten dieselben Bestimmungen wie für die Dampfmaschine; die verwendeten Indikatoren werden im Beisein der Aussteller geprüft, ebenso die Manometer. Die Ablesungen an den Manometern erfolgen alle 5 Minuten, und zwar gilt beim Kondensatormanometer der mittlere Stand, beim Verdampfermanometer die höchste Ruhelage des Zeigers als maſsgebend.[1])

[1]) Die Erfahrung hat dazu geführt, von den Bestimmungen dieses Paragraphen unwesentlich abzuweichen; es hat sich als praktischer erwiesen, die Indizierung des Lindeschen Kompressors jeweilig an den betreffenden Versuch anzuschlieſsen, indem nach Beendigung desselben die Indikatorhähne angeschraubt und dann nach wiederhergestelltem Beharrungszustand gleichzeitig die Dampfmaschine und der Kompressor indiciert wurden. Man hatte auf diese Art mit Sicherheit während der Diagrammentnahme denselben Zustand der Maschine,

e) Temperaturen.

Die Ablesungen beim Ein- und Austritt der Salzlösung sind alle 3 Minuten, beim Kühlwasser, der gröfseren Konstanz halber, nur alle 5 Minuten zu machen. Die im Maschinenraum angebrachten Thermometer sind alle Stunden, die an den Salzlösungs- und Kühlwasserthermometern angebrachten Korrektionsthermometer alle Viertelstunden abzulesen. Für die Korrektur der Ablesungen behufs Ermittelung der wahren Flüssigkeitstemperaturen gelten folgende Normen: die zu den Temperaturbeobachtungen verwendeten Thermometer sind mit einer Teilung versehen, welche 0,02° C. direkt abzulesen gestattet, so dafs eine Genauigkeit von 0,01° C. sicher erreicht werden kann, wenn auch alle diesen Genauigkeitsgrad beeinflussende Korrekturen an den direkten Ablesungen gemacht werden.

Folgende zwei Korrekturen sind zu machen:

a) Wegen Fehlern in den Fixpunkten und der Thermometerskala.

Jedem Thermometer ist ein Certifikat der physikal. techn. Reichsanstalt zu Berlin beigegeben, welches für die beim Verdampfer und dem beim Flüssigkeitseintritt am Kondensator verwendeten Thermometer von 5 zu 5° C., dagegen für das beim Flüssigkeitsaustritt am Kondensator benutzte Thermometer von 10 zu 10° C. die jeweilig notwendigen Korrekturen angibt. Die absoluten Werte der Korrekturen übersteigen 0,06° C. nicht, die Differenzen zweier auf einander folgenden Werte der Korrekturen betragen für die am Verdampfer benutzten

---

wie während des unmittelbar vorangegangenen Versuches. Nur bei den hohen Temperaturen der Salzlösung, + 6 und + 3, wurde mit Zustimmung des Ausstellers gleich während des Hauptversuches indiziert, weil da der Einflufs des schädlichen Raumes ohnehin so klein ist, dafs die Vergröfserung desselben nicht mehr merkbar nachteilig wirkte.

Umgekehrt wurde bei der Pictetschen Maschine die nachträgliche Ausführung von Versuchen ohne gleichzeitige Indizierung unterlassen, weil bei dieser Maschine nach Erklärung des Ausstellers die Vergröfserung des schädlichen Raumes durch Anbringung der Hähne von nicht nachweisbarem Einflufs auf die Leistung ist.

Thermometer in maximo 0,05° C., für die am Kondensator nur 0,01° C. Die jeweilige Korrektur ist nicht an jeder Ablesung, sondern nur an dem für die ganze Versuchsdauer gerechneten Mittelwert anzubringen, da die Ablesungsdifferenzen während eines Versuches nur gering sind.

b) Wegen des aus der Flüssigkeit herausragenden Quecksilberfadens.

Diese Korrekturen betragen beim Flüssigkeitseintritt am Verdampfer 0,015° C., beim Austritt 0,005°, dagegen beim Eintritt am Kondensator 0,009°, beim Austritt 0,0049° C. Die Unterschiede in den Korrekturen für ein Thermometer sind während der Beobachtungszeit verschwindend, so dafs nur die für diese Zeitdauer gefundenen Mittelwerte zu korrigieren sind.

Die Thermometer sollen die mittlere Temperatur der ein- und austretenden Flüssigkeiten liefern, was nur bei gleichmäfsig gemischtem Flüssigkeitsstrahl möglich. Während für die eintretenden Flüssigkeiten dies nach den Vorversuchen vollkommen erreicht ist, zeigen die rasch wechselnden (um 0,1° C. schwankenden) Angaben der in den austretenden Flüssigkeiten sich befindenden Thermometer, dafs hier bis jetzt die Mischung nicht genügend ist; es soll durch ein vor dem Austritt angebrachtes Gefäfs mit Überfall die Mischung so weit vorgenommen werden, bis gröfsere Differenzen am Thermometer sich nicht mehr zeigen.

Statt der Beobachtung der Thermometer mit Fernrohren wurden dieselben mit Hilfe von Lupen gemacht und haben sich dieselben bei den Vorversuchen als vollkommen ausreichend bewährt. Die Parallaxe wird durch eine zweite, hinter dem Thermometer angebrachte Papierskala vermieden.

f) Salzlösungs- und Kühlwassermenge.

Die Messung erfolgt durch abwechselndes Füllen der beiden Hälften der Mefsgefäfse unter Notierung der zugehörigen Zeiten. Beim Beginn der Messung wird der Hebel der drehbaren Stopfbüchse so umgelegt, dafs die Flüssigkeit in ein leeres

Reservoir einströmt und von nun an jedesmal der Augenblick der Füllung notiert, um nach Bedarf zu beliebiger Zeit einen Abschlufs machen zu können. Die Kühlwassermenge ist so zu regulieren, dafs eine Erwärmung desselben um 10° C. bei den Versuchen 1—4 (s. specielles Programm) eintritt.

Bei der Pictetschen Maschine ist auch noch das zur Kühlung der Kolbenstange dienende Kühlwasser und seine Temperaturen beim Eintritt und Austritt zu messen; die Erwärmung dieser Wassermenge ist nicht auf 10° zu beschränken, wie bei dem im Kondensator verwendeten.

Um darüber Aufschlufs zu erhalten, in welchem Verhältnis die Kühlwassermenge der Kältemaschinen zum Einspritzwasserquantum der Dampfmaschine steht, wird noch ausgeführt die Messung der

g) Ausgufswassermenge der Luftpumpe.

Die Wassermenge findet sich mit Hilfe der Druckhöhe, unter welcher das Wasser aus einer in einem eigens eingebauten Mefsgefäfs angebrachten Ponceletmündung ausfliefst. Während des Versuchs wird alle 10 Minuten abgelesen.

h) Beginn und Ende eines Versuches.

Bei Beginn und Ende eines Versuches müssen folgende Gröfsen gleiche Werte zeigen, resp. es sind deren Werte zu messen:

der Wasserstand im Destillationskessel und im Windkessel der Speisepumpe und Speiseleitung sowie der Dampfdruck,

Ein- und Austrittstemperatur des Kühlwassers und der Salzlösung,

specifisches Gewicht der Salzlösung,

Verteilung der arbeitenden Flüssigkeit auf Kondensator und Refrigerator.

Demzufolge sind aufser den oben angegebenen noch folgende Beobachtungen, jedoch nur zu Anfang und Ende eines Versuches zu machen.

Aräometerablesung zur Ermittlung des specifischen Gewichtes der Salzlösung resp. ihres Konzentrationsgrades,

Beobachtung des Flüssigkeitsstandes an den Sammelgefäfsen der Kältemaschinen.

Die Dauer eines Versuches ist auf 2½ Stunden festgesetzt, und zwar mit Rücksicht auf die Speisewassermessung, für welche zur Kontrolle in der Hälfte Zeit, nach 1¼ Stunden, ein Zwischenabschlufs zu machen ist. Jeder Versuch wird sofort wiederholt, ohne abzustellen, so dafs für die Speisewassermessung ein fünfstündiger, aus zwei 2½stündigen Versuchen bestehender Versuch vorliegt; wenn die Endresultate der beiden je 2½stündigen Versuche nicht um mehr als 4% ihres arithmetischen Mittels auseinanderliegen, so gilt letzteres als der richtige Wert, im andern Fall wird der Versuch wiederholt, bis genügende Übereinstimmung erzielt wird.

Wenn es nicht gelingt, im Kondensator und Verdampfer der Kältemaschine bei Schlufs des Versuches genau dieselben Temperaturen herzustellen wie bei Beginn, so kann die Berücksichtigung der in diesem Falle vorhandenen Verschiedenheit des Wärmeinhaltes der Apparate dadurch vermieden werden, dafs man die ganze Versuchsdauer in Perioden einteilt, welche gleiche Anfangs- und Endtemperaturen in beiden Apparaten besitzen, und für jede solche Periode aus den in dieselbe fallenden Salzlösungs- und Kühlwasserbeobachtungen die Kälteleistung der Maschine rechnet und schliefslich aus allen so bestimmten Werten das Mittel nimmt. Durch graphische Darstellung, Zeiten als Abscissen, Temperaturen als Ordinaten, können solche Perioden leicht gefunden werden.

Die Vorversuche hatten gezeigt, dafs es wohl unmöglich sein würde, bei den verschiedenen zur Untersuchung gelangenden Maschinen jeweilig die nämlichen Temperaturen der Salzlösung genau einzuhalten oder genau gleiche Wärmemengen von derselben im Refrigerator aufnehmen zu lassen. Da aber, dem Grundgedanken der Station entsprechend, die Versuche direkt mit einander vergleichbar sein müssen, wozu notwendig genau gleiche Temperaturen und genau gleiche Wärmemengen gehören, so mufste eine Methode angegeben werden, nach welcher auf Grund von experimentell ermittelten Zahlen die jeweiligen Parallelversuche rechnungsmäfsig auf gleiche Temperaturen und gleiche Wärmemengen bezogen werden konnten. Hierzu dienen folgende, von der Kommission in der Sitzung vom 19. November 1890 nach Antrag des Herrn Prof. Linde einstimmig gutgeheifsene

Nachträge zu den Ausführungsbestimmungen.

1. Gegenüber den festgesetzten Salzlösungstemperaturen sind Abweichungen von $\pm$ 0,25° C. gestattet.

2. Für die Korrektur der Abweichungen der Temperaturen bei Parallelversuchen wird ausgerechnet das arithmetische Mittel zwischen Einlauf- und Auslauftemperatur des Salswassers (t_s), sowie das Mittel der Auslauftemperatur des Kühlwassers (im Kondensator [t_k]). Unter Einführung der hierbei gefundenen Werte in die Formel:

$$\left.\begin{array}{ll} \frac{AL}{W} = \frac{t_k - t_s + 8}{t_s + 268} & \text{für verdoppelte} \\ \text{und } \frac{AL}{W} = \frac{t_k - t_s + 10}{t_s + 266} & \text{für normale} \end{array}\right\} \text{Verdampferfläche}$$

werden alsdann die effektiv gefundenen Leistungsverhältnisse korrigiert.

Diese Formel kommt durch folgende Überlegung zu stande: nach der Theorie müfste bei einer vollkommenen Kältemaschine, bei welcher die Temperaturen des arbeitenden Körpers bei der Wärmeaufnahme (im Verdampfer) und Wärmeabgabe (im Kondensator) bezw. T_1 und T_2 absolut, d. h. t_1° C. + 273 resp. t_2° C. + 273 sind, das Verhältnis zwischen der in Wärmeeinheiten ausgedrückten Kompressionsarbeit L und der produzierten Kälte W den Wert haben

$$\frac{AL}{W} = \frac{T_1 - T_2}{T_2} = \eta.$$

Wenn nun bei einer untersuchten Maschine diese Temperaturen die Werte T'_1, T'_2 zeigen, welche von T_1 und T_2 nur wenig verschieden sind, so kann man den Schlufs ziehen, dafs das Leistungsverhältnis dieser Maschine, wenn die Temperaturen die Werte T_1, T_2 gehabt hätten, in dem Verhältnis $\frac{\eta_1}{\eta} = \frac{T'_1 - T'_2}{T'_2} : \frac{T_1 - T_2}{T_2}$ sich geändert haben würde.

Es macht dabei praktisch keinen Unterschied, wenn an Stelle der bei der vollkommenen Maschine unter AL zu verstehenden indizierten Kompressorarbeit die indizierte Dampfarbeit gesetzt wird, da sich ja letztere nahezu proportional mit ersterer ändert und daher die Änderung des Quotienten $\frac{AL}{W}$ auch auf die gesamte Arbeit bezogen werden kann — um so mehr als ja hier nur ganz kleine Veränderungen in Frage kommen.

Es handelt sich also nur noch darum, bei der untersuchten Maschine die Temperaturen im Innern des Verdampfers und Kondensators zu ermitteln, was auf dem Wege der Schätzung geschehen mufs, indem man die Temperaturdifferenz passend annimmt, welche zwischen dem Innern dieser Apparate und den sie von aufsen umgebenden Flüssigkeiten besteht. Man wird wenig irren, wenn man im Kondensator zu der höchsten Temperatur des Kühlwassers noch 3° C. hinzuschlägt und im Verdampfer von dem Mittel der Ein- und Auslauftemperatur der Salzlösung 7° C. bei einfacher und 5° C. bei doppelter Oberfläche abzieht; dann ist also mit den oben angewendeten Bezeichnungen

$$t'_1 = t_k + 3$$
$$t'_2 = t_s - 7 \text{ oder } t_s - 5$$

und sonach

$$T'_1 - T'_2 = t_k + 3 - (t_s - 7) = t_k - t_s + 10$$
$$\text{bezw. } t_k - t_s + 8$$

und

$$T'_2 = t_s - 7 + 273 = t_s + 266$$
$$\text{bezw. } t_s + 268.$$

3) Mit Rücksicht auf die Unmöglichkeit der Erzielung genau gleicher Wärmemengen, welche bei den Parallelversuchen

in den Refrigeratoren aufgenommen werden, werden zur Erlangung unmittelbarer Vergleichbarkeit die Resultate umgerechnet, wie folgt:

Hat eine Maschine A bei einem bestimmten Temperaturintervall mit normaler Fläche die Wärmemenge w dem Verdampfer pro Stunde und die Wärmemenge q pro Kilogramm Dampf entzogen, bei verdoppelter Fläche aber — unter sonst gleichen Umständen — die Wärmemengen $w(1 + x)$, resp. $q(1 + y)$ und eine andere Maschine B die entsprechenden Werte w^1, q^1, $w^1(1 + x^1)$ und $q^1(1 + y^1)$, so ist je auf den Mittelwert der unter gleichen Verhältnissen gefundenen absoluten Wärmemengen, also auf $\frac{w + w^1}{2}$ und $\frac{w(1 + x) + w^1(1 + x^1)}{2}$ in proportionaler Weise eine Reduktion der relativen Wärmemengen vorzunehmen, wie nachstehendes Beispiel sie zeigt.

Bei Maschine A sei gefunden (bei — 2° bis — 5° C.):

$w = 51000$ Kal. $\qquad q = 240$

$w(1 + x) = 61200 \qquad q(1 + y) = 300.$

Bei Maschine B unter gleichen Umständen:

$w^1 = 53000 \qquad q^1 = 250$

$w^1(1 + x^1) = 60950 \qquad q^1(1 + y^1) = 290.$

Die Umrechnung ergibt dann

$$\frac{w + w^1}{2} = 52000$$

$$\frac{w(1 + x) + w^1(1 + x^1)}{2} = 61075$$

$\frac{1000}{52500} \cdot y \cdot q = 1{,}15$ Kal., welche von $q = 240$ abzuziehen,

$\frac{125}{61075} \cdot y \cdot q = 0{,}12$ Kal., welche zu $q(1 + y)$ zu addieren

und

$\frac{1000}{52000} y^1 q^1 = 0{,}96$ Kal., welche zu q^1 zu addieren sind,

$\frac{125}{61075} y^1 q^1 = 0{,}1$ Kal., welche von $q^1(1 + y^1)$ abzuziehen sind.

Keine solche Umrechnung aber darf die relative Wärmemenge um mehr als 1% verändern.

Hierzu ist nur zu bemerken, dafs zwei Maschinen, wenn sie unter gleichen Temperaturverhältnissen arbeiten, bei gleicher Gröfse der Flächen nur dann unmittelbar verglichen werden können, wenn sie gleiche Kältemengen produzieren; der Einflufs aber, welchen die Verschiedenheit der Kälteleistung oder mit anderen Worten die pro Quadratmeter Oberfläche des Verdampfers erzeugte Kälte auf die ökonomische Leistung der Maschine hat, wird eben durch die Ausführung der Versuche mit einfacher und doppelter Oberfläche klargestellt und hiernach ergibt sich die obige Methode ganz von selbst.

Mit Bezug auf die Art und Weise, wie im folgenden die Versuchsergebnisse zur Darstellung gebracht sind, haben wir vor allem zu betonen, dafs nach Beschlufs der Kommission die kritische Verarbeitung erst nach Abschlufs der Aufgabe der Versuchsstation einzutreten hat und zunächst nur das gewonnene Material experimenteller Thatsachen zu fixieren ist. Wir haben dabei für zweckmäfsig erachtet, möglichst ausgedehnten Gebrauch von graphischer Darstellung der Versuchsprotokolle zu machen, um die Anhäufung endloser Zahlenreihen, die an und für sich doch kein Interesse hätten, zu vermeiden, vielmehr dem Leser die Möglichkeit zu gewähren, auf einen Blick den Verlauf eines ganzen Versuches in seinen wesentlichsten Elementen zu überschauen. Man erhält so ein viel besseres Bild von dem Verhältnis des bei sämtlichen Ergebnissen der Berechnung zu Grunde gelegten arithmetischen Mittelwertes zu den Einzelbeobachtungen, und es lassen sich, wenn die Zeit als gemeinsame Abscisse gewählt wird, auch die gegenseitigen Beziehungen der die Leistung der Maschine bedingenden Faktoren in höchst übersichtlicher und anschaulicher Weise darstellen.

Die wesentlichen und entscheidenden Gröfsen sind einerseits: Ein- und Austrittstemperaturen im Verdampfer und Kondensator nebst Menge der cirkulierenden Salzlösung, bezw. des Kühlwassers pro Stunde, und auf der andern Seite — indizierte Leistung der Dampfmaschine und des Kompressors und Speisewasserverbrauch; sämtliche Gröfsen mit Ausnahme der Speisewassermenge eignen sich vorzüglich zur graphischen Darstellung und sind auch in der

Weise dazu verwendet worden, dafs je auf einer Tafel zu den Zeiten als Abscissen die vollständig korrigierten Thermometerablesungen als Ordinaten aufgetragen und die Endpunkte durch eine gebrochene Linie verbunden wurden. Ebenso sind aus den Zeiten, welche zur Füllung einer Abteilung der betreffenden Mefsgefäfse jeweilig erforderlich waren, die Mengen Salzlösung oder Kühlwasser berechnet worden, welche sich pro Stunde ergeben hätten und in entsprechendem Mafsstab als zu den betreffenden Zeiten gehörige Ordinaten aufgetragen. So ergab sich ein Bild von der Intensität der Salzlösungs- bezw. Kühlwasserzufuhr, welches auch wieder auf einen Blick erkennen läfst, wie weit sich dieselbe durch den regulierenden Eingriff des mit dieser Funktion Betrauten von der aus der ganzen Versuchsdauer und Gesamtmenge berechneten mittleren Intensität nach beiden Seiten hin entfernt. Die arithmetischen Mittel, welche zur definitiven Berechnung dienten, sind gleichfalls in die Zeichnung eingetragen und schliefslich wurde die auf Millimeterpapier möglichst sorgfältig ausgeführte Darstellung photographisch verkleinert und in Lichtdruck wiedergegeben; eine solche Tafel, wie deren 21 der Veröffentlichung beigefügt sind, orientiert mit einem Blick über den ganzen Verlauf eines Versuchs und ersetzt alle Tabellen. Da die Thermometerablesungen auf Hundertstelgrade erfolgten, so wurde für die Originalzeichnungen ein grofser Mafsstab gewählt (50 mm = 1° Celsius); daher kommt es, dafs nur beim Verdampfer das ganze Temperaturintervall von ca. 3° zur Anschauung gebracht werden konnte, dagegen beim Kondensator, um an Platz zu sparen, die End- und Anfangstemperaturen nicht in demjenigen Abstand gezeichnet werden konnten, wie es dem Mafsstab entsprochen hätte — es ist dies im Auge zu behalten, wenn man die Abweichungen vom Mittelwert im Verhältnis zur ganzen Temperaturdifferenz beurteilen will.

Zur weiteren Charakteristik der einzelnen Versuche und Maschinen dienen die Indikatordiagramme des Dampfcylinders und Kompressors; es wurden für jeden Versuch diejenigen Diagramme herausgesucht, welche in ihrem Flächeninhalt das arithmetische Mittel der Inhalte sämtlicher Diagramme darstellen. Bei der sehr grofsen Gleichförmigkeit der Maschinenleistung während eines Versuches wäre es ganz überflüssig gewesen, aus sämtlichen Einzeldiagrammen das mittlere zu konstruieren; namentlich bei den Kompressordiagrammen ist der Verlauf ein so aufserordentlich konstanter, dafs auch für Studien über die Kurven das oben angegebene Verfahren vollkommen ausreicht. Die gewählten Diagramme wurden dann zusammengestellt, mit Tusche nachgezogen, Mafsstab und Vakuumlinie (nach dem jeweiligen Barometerstande) eingezeichnet und das ganze Blatt photographisch verkleinert und in Lichtdruck wiedergegeben. In die Diagramme sind auch noch die gleichzeitigen Manometerablesungen eingetragen, natürlich mit den wiederholt ermittelten Korrekturen versehen. Es ist selbstverständlich, dafs auch die Indikatormafsstäbe für Kompressor und Dampfmaschine möglichst sorgfältig bestimmt wurden; ergab sich bei der Prüfung, die immer in der mit allen Erfordernissen ausgerüsteten Prüfungsstation des Laboratoriums für Maschinenlehre an der technischen Hochschule vorgenommen wurde, für irgend eine Indikatorfeder der Mafsstab nicht konstant für alle im Diagramm vorkommenden Pressungen, sei es nun infolge von Undichtheit des Kolbens oder aus anderen Gründen, so wurde für den betreffenden Versuch der Mafsstab nach folgendem Verfahren bestimmt. Das mittlere Diagramm wurde in horizontale Streifen von gleicher Höhe geteilt, die mittlere Abscisse eines jeden Teils mit dem der betreffenden Spannung zugehörigen Mafsstab multipliziert und die Summe aller derartigen Produkte durch die Summe aller mittleren Abscissen dividiert; der Quotient ergab dann denjenigen Mafsstab, mit welchem die mittlere Diagrammhöhe auf kg/qcm zu reduzieren war.

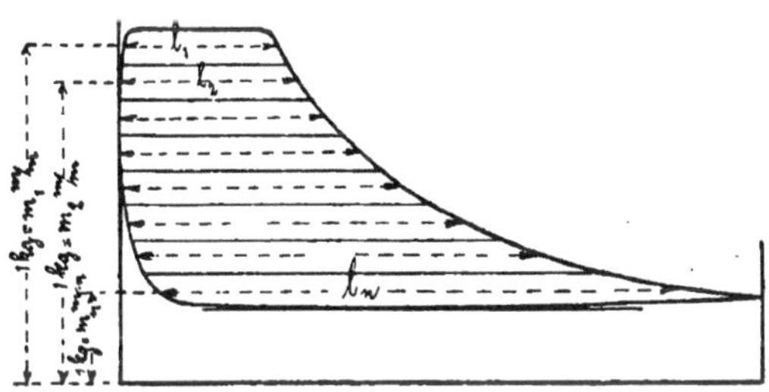

Fig. 14.

Also in der Fig. 14: $\frac{\Sigma(ml)}{\Sigma l} = m_m$ wenn l eine mittlere Abscisse und m die Anzahl Millimeter bezeichnet, welche bei dem betreffenden

Drucke sich bei der Prüfung des Indikators als Mafsstab für 1 kg/qcm ergeben hatten. Bei der Wiedergabe der mittleren Diagramme in den Tafeln wurde natürlich nicht dieser mittlere, nur für die Bestimmung des mittleren Druckes mafsgebende, sondern direkt der bei der Prüfung des Indikators gefundene, wenn auch manchmal variable Mafsstab eingezeichnet.

Die Reihenfolge, in welcher die Versuche im folgenden zusammengestellt sind, ist die im § 2 des speziellen Programms adoptierte; es sind in erster Linie die obligatorischen Versuche mit einfacher und doppelter Refrigeratorfläche aufgeführt und dann diejenigen, welche aufserhalb des Rahmens unseres speziellen Programms auf Wunsch der betreffenden Aussteller noch hinzugefügt wurden. Dabei ist unterlassen, die beiden Hälften jedes fünfstündigen Versuches getrennt aufzuführen, sondern es ist jeweilig nur das aus der ganzen Versuchsdauer berechnete Endergebnis aufgenommen. Von den unmittelbaren Beobachtungswerten konnte nur bei der Speisewassermessung und Indizierung von Dampfmaschine und Kompressor Gebrauch gemacht werden; alle übrigen, vor allem die Thermometerablesungen, mufsten erst korrigiert werden und sind natürlich nur in dieser Gestalt hier veröffentlicht. Die in der physikalisch-technischen Reichsanstalt geprüften Thermometer, in vorzüglicher Ausführung von R. Fuefs in Berlin bezogen, waren aufser der durch Vergleich mit dem Luftthermometer erhaltenen Korrektur, die auf dem Prüfungsschein angegeben ist, noch wegen der Länge des aus der Salzlösung resp. dem Kühlwasser herausragenden Quecksilberfadens zu korrigieren, was nach folgender von der physikalisch-technischen Reichsanstalt auf ihren Prüfungsattesten angegebenen Methode geschah:

Wenn ein Teil des Fadens aus dem Raume, dessen Temperatur gemessen werden soll, herausragt, so tritt zu der abgelesenen Temperatur eine Verbesserung hinzu, welche nach der folgenden Näherungsformel in Graden berechnet wird:

$$f = \frac{n\,(T - t)}{6400};$$

hierin bedeuten: n die in Graden ausgedrückte Länge des herausragenden Teiles des Quecksilberfadens, T die zu messende Temperatur und t die mittlere Temperatur des herausragenden Fadens. Die letztere kann annähernd durch ein kleines Hilfsthermometer ermittelt werden, dessen Quecksilbergefäfs sich nahe der Mitte des herausragenden Teiles des Fadens befindet; in den meisten Fällen reicht es auch aus, t der Temperatur des Arbeitsraumes gleichzusetzen.

Wie schon auf S. 52 angegeben ist, wurde bei unseren Versuchen die Lufttemperatur unmittelbar bei jedem der feinen Thermometer beobachtet und als mittlere Temperatur des herausragenden Fadens das arithmetische Mittel zwischen der Innen- und Aufsentemperatur in obige Formel eingeführt.

Endlich ist noch als wesentlicher Faktor der Berechnung die spezifische Wärme der Salzlösung anzuführen, welche während der Versuche zu wiederholten Malen im physikalischen Laboratorium der technischen Hochschule von Prof. Dr. Voit und Dr. Blümcke und im physikalischen Laboratorium der Universität von Dr. Graetz bestimmt worden ist. Wie schon erwähnt wurde, war eine Chlorkalciumlösung in Verwendung; so sehr auch bei der Herstellung derselben auf Reinhaltung gesehen worden war, so ist doch bei einem technischen Betrieb im Grofsen eine Verunreinigung nicht ganz hintanzuhalten und es haben daher die nachstehend mitgeteilten, als Mittelwerte aus sämtlichen Beobachtungen abgeleiteten Zahlen nur für die vorliegenden Versuche Wert.

Tabelle III.

Specifische Wärme der Salzlösung pro Liter.

Specifisches Gewicht bei 17,5° C.	Specifische Wärme zwischen			
	— 21 u. — 18° C.	— 13 u. — 10° C.	— 5 u — 2° C.	+ 3 u. + 6° C.
1,240	0,8329	0,8378	0,8437	0,8505
2	0,8344	0,8388	0,8441	0,8504
4	0,8357	0,8397	0,8445	0,8503
6	0,8371	0,8406	0,8449	0,8502
8	0,8385	0,8416	0,8453	0,8501
50	0,8399	0,8425	0,8457	0,8500
2	0,8413	0,8434	0,8461	0,8499
4	0,8427	0,8444	0,8465	0,8498
6	0,8441	0,8453	0,8469	0,8497
8	0,8454	0,8463	0,8473	0,8407
60	0,8468	0,8472	0,8478	0,8496
2	0,8483	0,8482	0,8481	0,8495
4	0,8496	0,8491	0,8484	0,8494

Wir beginnen nun mit der

Maschine Linde.

Die sämtlichen Versuchsergebnisse sind zugleich mit den berechneten Gröſsen in der Haupttabelle vereinigt, welche im Verein mit den graphischen Darstellungen auf Tafel I—X ein erschöpfendes Bild der Leistung der Maschine unter den verschiedenen Verhältnissen gibt und nur weniger ergänzender Bemerkungen bedarf. (Siehe Tabelle IV S. 66—69.)

ad 26. Das Einspritzwasser der Dampfmaschine wurde eigens gemessen, um nachzuweisen, in welchen Fällen das vom Kondensator der Kältemaschine kommende Kühlwasser noch ausreichend ist zum Betrieb des Kondensators der Dampfmaschine; in dieser Beziehung sind zu vergleichen die Zahlen sub 26 und 57, sowie die Temperaturen sub 28 und 53. Die Wirkung des Zusatzes frischen Wassers von Brunnentemperatur zu dem aus dem Kondensator der Kältemaschine abflieſsenden zeigt sich in der Erniedrigung der Temperatur sub 28 gegenüber 53. In den praktisch wichtigen Fällen zeigt sich überall Gleichheit von Post 26 und 57.

ad 30. Gemäſs der Anmerkung auf S. 51 sind die unter 30 angegebenen Verhältnisse unmittelbar nach dem Hauptversuch durch einen besonderen Indikatorversuch (ohne Kältemessung, aber im gleichen Beharrungszustand) bestimmt worden; von besonderem Einfluſs scheint auf das Verhältnis die Temperatur im Kompressor zu sein, wie aus den Ziffern bei Versuch IV und V sich ergibt. Dann zeigen auch die Versuche mit doppelter Fläche ein günstigeres Ergebnis als die mit einfacher Fläche, wobei freilich zu bedenken ist, daſs erstere 2 Monate später, also bei mehr eingelaufener Maschine stattgefunden haben. Die Zahlen sind übrigens so überraschend, daſs die Kommission sich veranlaſst sah, zur Kontrolle noch Lerlaufversuche anzustellen, welche am besten gleich hier mit erwähnt werden mögen. Es wurden im ganzen vier solche Versuche gemacht und zwar unter folgenden Verhältnissen:

a) Dampfmaschine mit Rührwerk und Kompressor, in letzterem die Saugventile samt ihren Sitzen herausgenommen. Abgelesener Druck am Manometer = 2,6 kg.

b) Dampfmaschine mit Rührwerk und Kompressor, in letzterem sämtliche Ventile samt ihren Sitzen herausgenommen. Abgelesener Druck am Manometer = 6,5 kg.

c) Dampfmaschine mit Rührwerk ohne Kompressor, dessen Schubstange ausgehängt war.

d) Dampfmaschine allein.

Um überhaupt ein planimetrirbares Diagramm zu erhalten, wurde, wie immer in solchen Fällen, mit niedrigem Dampfdruck von nur 0,5 kg Überdruck bei ganz geöffnetem Admissionsventil gearbeitet; der dabei erzielte Beharrungszustand war, wie die Diagramme zeigten, ein vorzüglicher und es ergaben sich bei 45,0 Touren pro Minute folgende Leistungen:

	a	b	c	d
Leerlaufarbeiten in Pferdestärken	2,07	1,99	1,53	1,07

Damit sind die Zahlen Post 30 wohl zur Genüge bestätigt; rechnet man auf Grund obiger Ziffern rückwärts den mechanischen Wirkungsgrad des Kompressors aus, d. h. das Verhältnis: $\frac{\text{indicierte Kompressorarbeit}}{\text{effektive Arbeit der Dampfmaschine}}$, indem man die (aus Post 30 berechneten) Werte sub 31 im Zähler einsetzt und die effektive Arbeit der Dampfmaschine aus der indizierten durch Subtraktion der sub c gefundenen Leerlaufarbeit berechnet, so ergeben sich die Werte:

Versuch	I	II	III	IV	V	VI	VII	VIII	IX
Mechan. Wirkungsgrad des Kompressors	0,93	0,91	0,92	0,89	0,95	0,98	0,96	0,91	0,95

ad 50 und 63. Es war trotz aller Bemühung nicht immer möglich, die Versuche so abzuschliefsen, dafs im Verdampfer und Kondensator am Ende genau die gleichen Temperaturen an sämtlichen Thermometern vorhanden gewesen wären, wie zu Anfang; die Unterschiede sind allerdings sehr klein, wie die Posten 40—49 resp. 59—62 zeigen. Um zu einer entsprechenden Korrektur zu gelangen, kann man von folgender Überlegung ausgehen.

Tabelle IV.
Maschine Linde.
Hauptresultate.

	Einfache	
	I.	II.
1. Datum und Nummer des Versuches	11. Jan. 90	3. Jan. 90
2. Temperaturen der Salzlösung	+6° +3°	−2° −5°
3. Besondere Versuchsbedingungen		
a) Dampfmaschine, Speisewasser.		
4. Totale Speisewassermenge pro Stunde . . . . . kg	195,3	199,1
5. Aus der Leitung pro Stunde . . . . kg	11,7	12,9
6. Dasselbe in Prozenten der totalen Menge	6,0	6,5
7. Effektives Speisewasser pro Stunde . . . kg	183,6	186,2
8. Mittlere Temperatur desselben	21,6	20,9
9. Mittlerer Überdruck im Destillationskessel	5,35	5,27
10. Mittlerer indizierter Druck im Dampfcylinder, kg pro qcm . . . . vorn	1,848	1,853
11. . . . . hinten	1,742	1,744
12. Mittlere Tourenzahl pro Minute	44,91	45,10
13. Mittlere indizierte Arbeit in Pferdestärken . . . . vorn	9,22	9,29
14. . . . . hinten	8,92	8,97
15. Totale indizierte Arbeit in P. S.	18,14	18,26
16. Speisewasser pro Stunde und indiz. P. S., . kg	10,12	10,20
17. Mittlerer Überdruck vor dem Einlafsventil kg pro qcm	5,25	5,24
18. Mittleres Vakuum in cm Quecksilber	67,4	66,0
19. Mittlerer Barometerstand in cm Quecksilber	72,6	71,8
20. Mittlere Temperatur im Maschinenraum beim Dampfcylinder . . °C.	17,3	16,5
21. beim Kompressor . . °C.	17,1	16,0
22. Im Dampfmantel kondensiert pro Stunde . . . kg	28,9	26,0
23. Dasselbe in Prozenten des effektiven Speisewassers .	15,7	14,0
24. In den Dampfcylinder gelangt pro Stunde . . . . kg	154,7	160,2
25. Totale Ausgufsmenge der Luftpumpe pro Stunde kg	7779,7	6879,9
26. Injektionswasser pro Stunde . . . . kg	7625,0	6719,7
27. Verhältnis: $\frac{\text{Injektionswasser}}{\text{in den Cylinder gelangte Dampfmenge}}$.	49,3	41,9
28. Temperatur des Einspritzwassers . . . . . . °C.	19,6	19,3
29. Temperatur des Luftpumpenausgusses . . . . °C.	31,1	31,9
b) Kompressor.		
30. Verhältnis: $\frac{\text{Indizierte Kompressor-Arbeit}}{\text{Indizierte Dampfmaschinen-Arbeit}}$ . . .	0,8561	0,8326
31. Indizierte Kompressorarbeit in P. S.	15,53	15,20
32. Wärmeäquivalent derselben, ... Kal.	9890	9680
33. Mittlere absolute Spannung, kg pro qcm . . . . . . Kondensator	9,52	9,24
34. . . . . . . Verdampfer	3,89	2,95
35. Entsprechende Temperaturen d. gesättigt. Ammoniakdampf. Kondensator . °C.	+ 22,45	+ 21,53
36. Verdampfer . °C.	− 2,91	− 9,77

Tabelle IV.

Maschine Linde.

Hauptresultate.

Oberfläche			Doppelte Oberfläche			Einfache Oberfläche	
III.	IV.	V.	VI.	VII.	VIII.	IX	X.
4. Jan. 90	7. Jan. 90	9. Jan. 90	7. März 90	6. März 90	5. März 90	25. Jan. 90	27. Jan. 90
−10° −13°	−18° −21°	−2° −5°	+6° +3°	−2° −5°	−18° −21°	−2° −5°	+6° +3°
Konstante normale Tourenzahl. Erwärmung des Kühlwassers um 10°.						Normale Tourenzl. 6° Erwmg.	Geringe Tourenzl. 10° Erwg.
188,4	177,2	255,7	193,5	093,7	173,6	188,7	145,2
12,8	12,7	12,2	11,2	11,5	11,4	11,6	11,6
6,8	7,1	4,8	5,8	5,9	6,6	6,1	8,0
175,6	164,5	243,5	182,3	182,2	162,2	177,1	133,6
28,7	23,3	21,6	29,1	26,0	18,2	20,4	19,5
5,31	5,31	5,33	5,34	5,31	5,29	5,24	5,27
1,762	1,648	2,363	1,842	1,857	1,671	1,717	1,809
1,598	1,470	2,457	1,725	1,741	1,481	1,566	1,615
45,05	44,76	44,97	45,18	45,12	44,74	45,03	31,68
8,82	8,20	11,81	9,25	9,31	8,31	8,59	6,37
8,21	7,50	12,60	8,88	8,96	7,55	8,04	5,83
17,03	15,70	24,41	18,13	18,27	15,86	16,63	12,20
10,31	10,48	9,98	10,06	9,97	10,23	10,65	10,95
5,29	5,25	5,28	5,24	5,23	5,21	5,15	5,22
67,3	67,3	66,7	66,0	65,4	66,8	67,3	66,6
72,3	73,7	73,2	71,7	71,2	71,4	72,3	72,0
16,8	16,9	18,2	15,6	12,2	11,6	17,9	14,0
16,6	16,9	18,1	15,8	11,9	11,2	17,5	14,1
24,8	23,7	24,0	29,5	27,3	20,8	33,4	21,5
14,1	14,4	9,9	16,2	15,0	12,8	18,9	16,1
150,8	140,8	219,5	152,8	154,9	141,4	143,7	112,1
6707,4	3896,2	6363,3	7571,4	6991,4	7525,8	7097,5	7023,2
6556,6	3755,4	6143,8	7418,6	6836,5	7384,4	6953,8	6911,1
43,5	26,7	28,0	48,6	44,1	52,2	48,4	61,7
14,5	17,9	13,1	19,4	19,1	11,1	15,2	19,0
26,6	36,9	31,9	30,9	32,0	21,5	26,9	27,9
0,8403	0,8046	0,8954	0,8935	0,8792	0,8197	0,8647	0,8516
14,31	12,63	21,86	16,20	16,06	13,00	14,38	10,39
9110	8040	13020	10320	10230	8280	9160	6620
9,00	8,89	14,03	9,55	9,24	8,83	8,22	9,14
2,13	1,56	2,95	v. 4,42 h. 4,03	v. 3,30 h. 3,04	v. 1,80 h. 1,55	2,88	4,24
+ 20,72	+ 20,34	+ 35,30	+ 22,55	+ 21,53	+ 18,22	+ 17,94	+ 21,18
— 17,43	— 24,30	— 9,77	v. + 0,46 h. — 1,98	v. — 7,03 h. — 9,04	v. —21,17 h. —24,44	— 10,32	— 0,66

Tabelle IV.
Maschine Linde.
Hauptresultate.

	Einfache	
	I.	II.
c) Verdampfer.		
37. Mittlere Temperatur der Salzlösung . . . . Eintritt °C.	+ 6,00	— 2,02
38. Mittlere Temperatur der Salzlösung . . . . Austritt °C.	+ 2,89	— 5,02
39. Temperaturerniedrigung . . . . °C.	3,11	3,00
40. Aufsentemperatur, gemessen am Thermometer für . . . . Eintritt °C.	20,0	16,2
41. Aufsentemperatur, gemessen am Thermometer für . . . . Austritt °C.	19,6	18,1
42. Salzlösungsmenge pro Stunde . . . . Liter	29569	22893
43. Specifisches Gewicht bei 17,5° C.	1,250	1,250
44. Specifische Wärme pro Liter bei obig. Temperaturgrenz.	0,850	0,846
45. Gemessene Kälteleist. d. Verdampfers, Kal. pro Stunde	78170	58100
46. Temperatur an der Eintrittsstelle . . . . Anfang °C.	+ 5,98	— 2,05
47. Temperatur an der Eintrittsstelle . . . . Ende °C.	5,97	2,04
48. Temperatur an der Austrittsstelle . . . . Anfang °C.	+ 2,89	— 5,02
49. Temperatur an der Austrittsstelle . . . . Ende °C.	2,94	5,04
50. Korrekt. d. Verdampferleist. inflg. obg. Unterschiede Kal.	— 30	+ 10
51. Nachgewiesene Verdampferleistung . Kal. pro Stunde	78140	58110
d) Kondensator.		
52. Mittlere Temperatur, des Kühlwassers bei . . . . Eintritt °C.	+ 9,56	9,54
53. Mittlere Temperatur, des Kühlwassers bei . . . . Austritt °C.	+ 19,76	19,63
54. Temperaturerhöhung . . . . °C.	10,20	10,09
55. Aufsentemperatur, gemessen am Thermometer für . . . . Eintritt °C.	17,0	16,4
56. Aufsentemperatur, gemessen am Thermometer für . . . . Austritt °C.	21,9	21,0
57. Kühlwassermenge pro Stunde . . . . Liter	8790	6837
58. Gemessene Kondensatorleistung pro Stunde . . Kal.	89660	68990
59. Temperatur an der Eintrittsstelle . . . . Anfang °C.	+ 9,56	9,55
60. Temperatur an der Eintrittsstelle . . . . Ende °C.	9,57	9,54
61. Temperatur an der Austrittsstelle . . . . Anfang °C.	+ 19,74	19,42
62. Temperatur an der Austrittsstelle . . . . Ende °C.	19,74	19,45
63. Korrekt. d. Kondensatorleist. inf. obig. Unterschiede Kal.	+ 10	+ 10
64. Nachgewiesene Kondensatorleistung . Kal. pro Stunde	89670	69000
e) Wärmebilanz.		
65. Nachgewiesene Kälteleistung . . . . Kal. pro Stunde	78140	58110
66. Äquivalent der indizierten Kompressorarbeit Kal. pro Stunde	9890	9680
67. Summe . . . . Kal. pro Stunde	88030	67790
68. Nachgewiesene Kondensatorleistung . . . Kal. pro Stunde	89670	69000
69. Differenz . . . . Kal. pro Stunde	— 1640	— 1210
70. Dasselbe in Prozenten der Kondensatorleistung . . .	— 1,8	— 1,8
f) Schlufsergebnis, Leistungsverhältnis.		
71. Im Verdampfer nachgewiesene Kalorien Kälte pro Stunde und 1 kg Speisewasser	425,6	312,1
72. Im Verdampfer nachgewiesene Kalorien Kälte pro Stunde und 1[e] indiz. Dampfarb.	4308	3182

Tabelle IV.

Maschine Linde.

Hauptresultate.

Oberfläche			Doppelte Oberfläche			Einfache Oberfläche	
III.	IV.	V.	VI.	VII.	VIII.	IX.	X.
— 9,99	— 17,92	— 2,03	+ 6,49	— 2,04	— 18,00	— 2,01	+ 6,00
— 12,91	— 20,82	— 5,01	+ 2,91	— 5,01	— 20,93	— 5,02	+ 2,95
2,92	2,90	2,98	3,58	2,97	2,93	3,01	3,05
14,2	18,0	21,2	17,6	12,0	11,0	17,5	16,9
17,2	17,5	20,4	17,0	13,1	10,5	20,8	17,1
16168	11030	19598	29247	25567	11884	23270	22538
1,251	1,250	1,247	1,261	1,261	1,261	1,271	1,272
0,843	0,840	0,845	0,850	0,848	0,848	0,850	0,849
39800	26870	49350	89000	64390	29530	59540	58360
— 9,95	— 17,97	— 2,03	+ 6,51	— 2,10	— 18,06	— 2,01	+ 5,97
9,97	17,96	2,03	6,53	2,11	18,07	2,01	6,01
— 12,94	— 20,83	— 5,00	+ 2,91	— 5,02	— 20,96	— 5,02	+ 2,89
12,89	20,83	5,01	2,91	5,01	20,94	5,04	2,92
— 20	— 10	+ 10	— 20	0	— 10	+ 20	— 130
39780	26860	49360	88980	64390	29520	59560	58230
9,61	9,61	9,68	9,23	9,00	9,08	9,64	9,50
19,84	19,72	35,33	19,68	9,62	19,81	15,14	19,39
10,23	10,11	25,65	10,45	10,62	10,73	5,50	9,89
16,4	16,4	18,1	16,3	13,1	12,6	18,3	16,4
21,5	20,9	25,1	19,8	16,9	16,2	20,3	19,3
4867	3526	2442	9512	6975	3556	12658	6918
49790	35650	62640	99400	74070	38160	69620	68420
9,61	9,64	9,68	9,23	8,95	9,11	9,61	9,46
9,60	9,56	9,65	9,23	9,03	9,07	9,65	9,54
19,82	19,79	35,45	19,57	19,62	19,72	15,14	19,32
19,89	19,88	35,44	19,54	19,62	19,69	15,16	19,32
+ 30	+ 10	— 20	— 20	+ 40	— 40	+ 30	+ 90
49820	35660	62620	99380	74110	38120	69650	68510
39780	26860	49360	88980	64390	29520	59560	58230
9110	8040	13920	10320	10230	8280	9160	6620
48890	34900	63280	90300	74620	37800	68720	64850
49820	35660	62620	99380	74110	38120	69650	68510
— 930	— 760	+ 660	— 80	+ 510	— 320	— 930	— 3660
— 1,9	— 2,1	+ ,1	— 0,1	+ 0,7	— 0,8	— 1,0	— 5,0
226,5	163,3	202,7	488,1	353,4	182,0	336,3	435,9
2336	1711	2022	4908	3524	1861	3581	4773

Angenommen, die Temperaturen der einzelnen Wasserschichten ändern sich proportional der Entfernung von der Eintrittsstelle, für welche das Volumen $V_1 = O$ ist und bezeichnet man die zu V_1 und V_2 (Gesamtwasserinhalt des Apparates) gehörigen Temperaturen am Anfang des Versuches mit t_1, t_2; am Ende dagegen mit t'_1 und t'_2, so herrscht in einer unendlich dünnen Schicht dV, welche das Volumen V abgrenzt, im Anfang die Temperatur

$$t = t_1 + (t_2 - t_1) \frac{V}{V_2}$$

und am Ende

$$t' = t'_1 + (t'_2 - t'_1) \frac{V}{V_2}$$

Wenn nun c die specifische Wärme der Flüssigkeit pro Volumeinheit bezeichnet, so ist der Wärmeinhalt der Schicht dV im Anfang

$$dQ = c\,dV \left(t_1 + (t_2 - t_1) \frac{V}{V_2}\right)$$

somit der anfängliche Wärmeinhalt der ganzen Flüssigkeitsmenge

$$Q_1 = \int_0^{V_2} c\,dV \left(t_1 + (t_2 - t_1) \frac{V}{V_2}\right) = c\,V_2 \cdot \frac{t_2 + t_1}{2}$$

Ebenso berechnet sich der Wärmeinhalt am Ende

$$Q_2 = c\,V_2 \frac{t'_2 + t'_1}{2}$$

und daher die Änderung des Wärmeinhaltes während der Versuchsdauer

$$Q = Q_2 - Q_1 = c \frac{V_2}{2} \left\{ (t'_1 - t_1) + (t'_2 - t_2) \right\}.$$

Werden die Temperaturen mit den entsprechenden Vorzeichen eingeführt, so ist dieser Wert auf die Stunde bezogen, beim Verdampfer mit Berücksichtigung des Vorzeichens von der stündlichen Leistung abzuziehen, beim Kondensator dazu zu addieren, um die korrigierte Leistung zu erhalten. Die Resultate, wie sie in den Posten 50 und 63 verzeichnet sind, zeigen, dafs diese Korrekturen weit unter der für technisch-wissenschaftliche Versuche als zulässig erachteten Fehlergrenze liegen und ohne jede Beeinträchtigung des Endresultates auch hätten weggelassen werden können.

ad 65—70. Nach dem ersten Hauptsatz der mechanischen Wärmetheorie mufs bei einer Kältemaschine, wie die vorliegende, die im Kondensator abgegebene Wärme Q_c gleich der Summe aus der im Verdampfer aufgenommenen Q_v plus dem Wärmewert AL der indizierten Kompressorarbeit sein, also $\left(\text{mit } A = \frac{1}{424}\right)$

$$Q_c = Q_v + AL.$$

Um diesen Satz auf die Ergebnisse unserer Versuche anwenden zu können, müssen die Wärmemengen Q_c und Q_v als aus zwei Teilen bestehend eingeführt werden; denn sowohl im Kondensator als im Verdampfer entzieht sich ein Teil der Wärme der Messung — in ersterem geht durch Ausstrahlung auf dem Weg vom Kompressor bis zum Kondensator und unter Umständen auch in letzterem selbst Wärme an die umgebende Luft, statt an das Kühlwasser über (Q'_c) und ebenso nimmt im Verdampfer und auf dem Weg bis zum Kompressor die arbeitende Flüssigkeit Wärme nicht nur aus der Salzlösung, sondern auch aus der Luft auf (Q'_v). Verstehen wir also unter Q_c und Q_v nur die beim Versuch nachgewiesenen Wärmemengen, so lautet die Gleichung

$$Q_c + Q'_c = Q_v + Q'_v + AL$$

oder

$$Q_v + AL - Q_c = Q'_c - Q'_v.$$

Das Fehlerglied auf der rechten Seite, welches die Wärmebilanz erst wirklich vollständig macht, kann offenbar $\gtreqless 0$ sein; es wird dies ganz von lokalen Verhältnissen abhängen. Im allgemeinen ist es wahrscheinlicher, dafs $Q'_v > Q'_c$, also im Kondensator zu viel Wärme gefunden wird; bei der Lindeschen Maschine speciell, wo im Kompressor unter normalen Verhältnissen Temperaturen herrschen, die wenig von der Temperatur der Umgebung abweichen, wird sich der Fehler hauptsächlich durch die Einstrahlung im Refrigerator ergeben. Infolge dessen ist das Fehlerglied gewöhnlich negativ (s. Post 69); bei Versuch V erklärt sich das positive Vorzeichen leicht durch die hohe Kondensatortemperatur, welche einen bedeutend höheren Wert von Q'_c bedingte, als bei den übrigen Versuchen der Fall war. Bei Versuch VII war ebenfalls, der niedrigen Temperatur im Maschinenraum (Post 20 und 21) zufolge, ein Wärmeverlust im Kondensator vorhanden, der bei Versuch VIII, trotz derselben Temperatur des Maschinenraumes, durch die niedrige Verdampfertemperatur wieder mehr als ausgeglichen wurde.

Die äuſserst sorgfältige Umhüllung der Verdampfer mit einer nichtleitenden Schicht (Holzwolle) hat die, wie Post 69 zeigt, sehr geringen Wärmeverluste zur Folge, und es rechtfertigen diese Zahlen den Beschluſs der Kommission, auf experimentelle Bestimmung der Strahlungsverluste nicht einzugehen, vielmehr es jedem Aussteller zu überlassen, seine Apparate möglichst vor solchen zu schützen.

Maschine Pictet.

Auſser den normalen Versuchen mit einfacher und doppelter Fläche wurden mit der Pictetschen Maschine auf speziellen Wunsch des Ausstellers auch noch bei den Temperaturgrenzen + 6 + 3; —2, —5; —18, —21 Versuche mit niedriger Tourenzahl angestellt, und zwar mit derjenigen, bei welcher zufolge der Bemerkung S. 47 die Maschine den unter den betreffenden Temperaturverhältnissen erreichbaren höchsten Wirkungsgrad zeigen sollte. Diese Versuche (Nr. XIX, XX und XXI der Tabelle) wurden jeweilig am Schluſs der betreffenden Hauptversuche, nach möglichst racher Herstellung des neuen Beharrungszustandes, in der Zeit von 2 Stunden ausgeführt. Infolge dieser kürzeren Dauer und einiger praktischer Schwierigkeiten beim Übergang aus einem Beharrungszustand in den andern steht die Zuverlässigkeit der Ergebnisse bei diesen, übrigens für eine Vergleichung der Maschinen auſser Betracht fallenden Versuchen hinter der bei den Hauptversuchen erreichten etwas zurück.

Im einzelnen wäre zu den in der Tabelle (siehe S. 74—77) aufgeführten Zahlen etwa folgendes zu bemerken.

ad 16. Nach Mitteilung der Sächsischen Maschinenfabrik, vormals Hartmann, in Chemnitz hat die Maschine bei Versuchen, welche vor ihrer Ablieferung in der Fabrik angestellt wurden, einen Dampfverbrauch von 10,5 kg pro indiziertes Pferd und Stunde ergeben und dasselbe hat auch die Kommission bei den Vorversuchen, welche in der Versuchsstation mit der Maschine Pictet im November 1889 ausgeführt wurden, konstatiert. Wie die Zahlen unter 16 zeigen, hat sich bei den Hauptversuchen der Dampfverbrauch wesentlich ungünstiger ergeben und im Lauf der Versuche sich fortwährend gesteigert. Wir begnügen uns damit, an dieser Stelle die Thatsache zu konstatieren, dass seitens der Kommission alles gethan wurde, um beide Aussteller in ganz gleicher Weise mit Dampf von gleicher Beschaffenheit zu versorgen, wie es ja im Prinzip der Versuchsstation liegt, — dafs es aber nicht Sache der Kommission war, Mafsregeln gegen die kontinuierliche Steigerung des Dampfverbrauches zu ergreifen, ist selbstverständlich.

ad 27—29. Nach Abschlufs der Versuche zeigte sich bei der Bearbeitung der Resultate ein Widerspruch zwischen den Indikatordiagrammen und den Ablesungen der Manometer am Kondensator und Verdampfer — als die letzteren (mit den aus den Prüfungen sich ergebenden Korrekturen) in die Diagramme eingetragen wurden, fiel immer der Kondensatordruck über die Volldrucklinie hinaus, und der Verdampferdruck unter die Saugspannung im Diagramm. Offenbar mufste entweder die Manometerablesung oder der Mafsstab der Indikatorfedern oder beide zugleich fehlerhaft sein. Letzteres ist vermuthlich der Fall gewesen; die Manometer waren, als sie nach Schlufs der Versuche zur wiederholten Prüfung kamen, unbrauchbar geworden, allein es konnte nicht mehr konstatiert werden, ob und wie weit sich der Fehler nach rückwärts in die Versuche hinein erstreckte; die Indikatoren zeigten zunehmende Undichtheit und infolgedessen waren die Federn im Betrieb variabeln Temperaturverhältnissen ausgesetzt, welche bei der Prüfung nicht reproduziert werden konnten. Um nun aber wahrscheinlich richtige Resultate zu erhalten, blieb bei der Unmöglichkeit, die Manometer nachträglich zu korrigieren und auch aus dem Grunde, weil die Verdampferspannung im Saugraume des Kompressors auch direkt mittels einer Quecksilbersäule abgelesen worden war, also diese kaum fehlerhaft sein konnte, nichts anderes übrig als dem Mafsstab der Indikatorfeder die ganze Schuld beizulegen und denselben nach den Manometerangaben zu korrigieren.

Tabelle IV.
Maschine Pictet.
Hauptresultate.

	Einfache	
	XI.	XII.
1. Datum und Nummer des Versuches	21. Dez. 89	19. Dez. 89
2. Temperaturgrenzen im Verdampfer	+6° +3°	−2° −5°
3. Besondere Versuchsbedingungen		
a) Dampfmaschine, Speisewasser.		
4. Totale Speisewassermenge pro Stunde . . . . . kg	264,8	254,8
5. Aus der Leitung pro Stunde . . . . kg	10,8	11,2
6. Dasselbe in Prozenten der totalen Menge	4,1	4,4
7. Effektives Speisewasser pro Stunde . . . kg	254,0	243,6
8. Mittlere Temperatur desselben	23,3	24,1
9. Mittlerer Ueberdruck im Destillationskessel kg pro qcm	5,26	5,24
10. Mittlerer indizierter Druck } . . . . . vorn	1,753	1,707
11. im Dampfcylinder, kg pro qcm } . . . . hinten	1,874	1,774
12. Mittlere Tourenzahl pro Minute	56,98	56,82
13. Mittlere indizierte Arbeit } . . . . vorn	10,54	10,24
14. in Pferdestärken } . . . . hinten	11,27	10,64
15. Totale indizierte Arbeit in P.-S.	21,81	20,88
16. Speisewasser pro Stunde und indiz. P. S. . . kg	11,65	11,67
17. Mittlerer Ueberdruck vor dem Einlafsventil kg pro qcm	5,26	5,24
18. Mittleres Vakuum in cm Quecksilber	66,8	68,1
19. Mittlerer Barometerstand in cm Quecksilber	72,4	72,9
20. Mittlere Temperatur im Maschinenraum . . . °C.	21,1	19,6
21. Im Dampfmantel kondensiert pro Stunde . . . . kg	28,0	25,1
22. Dasselbe in Prozenten des effektiven Speisewassers .	11,0	10,3
23. In den Dampfcylinder gelangt pro Stunde . . . kg	226,0	218,5
24. Totale Ausgufsmenge der Luftpumpe pro Stunde . kg	7454,0	7174,5
25. Injektionswasser pro Stunde . . . . kg	7228,0	6956,0
26. Verhältnis: $\frac{\text{Injektionswasser}}{\text{in den Cylinder gelangte Dampfmenge}}$	32,0	31,8
b) Kompressor.		
27. Indicierte Kompressorarbeit in P.-S.	16,82	16,10
28. Wärmeäquivalent derselben . . . . Kal.	10710	10250
29. Verhältnis: $\frac{\text{Indizierte Kompressor-Arbeit}}{\text{Indizierte Dampfmaschinen-Arbeit}}$ . . .	0,7712	0,7711
30. Mittlere absolute } . . . . . . Kondensator	3,99	3,91
31. Spannung, kg pro qcm } . . . . . . Verdampfer	1,47	1,05
c) Verdampfer.		
32. Mittlere Temperatur } . . . . Eintritt, °C.	+6,10	−1,96
33. der Salzlösung } . . . . Austritt, °C.	+3,08	−4,98
34. Temperaturerniedrigung . . . . °C.	3,02	3,02
35. Aufsentemperatur, gemessen } . . . . Eintritt, °C.	23,4	21,6
36. am Thermometer für } . . . . . Austritt, °C.	21,6	21,2

Tabelle IV.

Maschine Pictet.

Hauptresultate.

Oberfläche			Doppelte Oberfläche			Einfache Oberfläche		
XIII.	XIV.	XV.	XVI.	XVII.	XVIII.	XIX.	XX.	XXI.
18. Dez. 89	30. Dez. 89	20. Dez. 89	11. Dez. 89	10. Dez. 89	13. Dez. 89	21. Dez. 89	20. Dez. 89	30. Dez. 89
−10° −13°	−18° −21°	−2° −5°	+6° +3°	−2° −5°	−18° −21°	+6° +3°	−2° −5°	−18° −21°
Normale Tourenzahl						Geringe Tourenzahl		
236,3	201,6	324,1	275,2	264,3	204,7	173,6	262,4	153,9
11,7	11,2	11,6	10,7	10,7	11,1	11,3	11,4	12,9
5,0	5,6	3,6	3,9	4,0	5,4	6,5	4,3	8,4
224,6	190,4	312,5	264,5	253,6	193,6	162,3	251,0	141,0
24,1	22,1	28,0	27,3	30,0	25,3	27,4	27,2	25,8
5,24	5,25	6,10	5,43	5,33	5,14	5,40	5,93	5,22
1,533	1,302	2,138	1,742	1,659	1,294	1,663	2,168	1,366
1,581	1,317	2,262	1,872	1,758	1,354	1,718	2,287	1,353
57,06	57,59	59,34	57,34	57,52	57,79	35,26	42,88	34,78
9,23	7,92	13,39	10,54	10,07	7,89	6,19	9,81	5,02
9,52	8,01	14,17	11,33	10,67	8,26	6,39	10,35	4,97
18,75	15,93	27,56	21,87	20,74	16,15	12,58	20,16	9,99
11,98	11,95	11,34	12,09	12,23	11,99	12,90	12,45	14,11
5,24	5,25	6,10	5,43	5,33	5,13	5,40	5,93	5,22
69,3	69,2	67,0	64,5	64,5	68,1	69,0	68,9	69,8
73,2	72,9	72,3	71,1	71,3	72,5	72,5	72,3	72,9
19,3	19,2	22,0	21,6	19,3	22,7	21,7	21,8	21,4
22,7	23,8	28,3	28,1	28,1	28,8	29,0	31,7	27,3
10,1	12,5	9,1	10,6	11,1	14,9	17,9	12,6	19,4
201,9	166,6	284,2	236,4	225,5	164,8	133,3	219,3	113,7
7458,3	7131,6	7660,2	7556,2	6489,3	6743,9	7431,8	7879,9	7253,6
7256,4	6965,0	7376,0	7319,8	6263,8	6579,1	7298,5	7660,6	7139,9
35,9	41,8	26,0	31,0	27,8	39,9	54,8	34,9	62,8
14,26	11,83	22,91	18,81	18,08	12,74	9,78	17,19	7,56
9080	7530	14590	11980	11510	8110	6230	10950	4810
0,7605	0,7426	0,8318	0,8601	0,8717	0,7889	0,7774	0,8527	0,7568
3,84	4,25	6,39	4,29	4,17	4,13	3,82	6,24	4,37
0,68	0,17	1,05	1,57	1,10	0,47	1,56	1,10	0,16
− 9,92	− 17,93	− 2,04	+ 6,38	− 2,00	− 18,01	+ 5,99	− 2,03	− 17,84
− 12,91	− 20,96	− 5,01	+ 3,07	− 5,00	− 20,90	+ 3,07	− 4,93	− 20,72
2,99	3,03	2,97	3,31	3,00	2,89	2,92	2,90	2,88
21,4	22,3	23,7	23,1	19,8	21,5	23,9	24,8	24,2
20,8	17,9	22,5	22,3	21,1	22,0	22,5	21,6	19,5

Tabelle IV.
Maschine Pictet.
Hauptresultate.

	Einfache	
	XI.	XII.
37. Salzlösungsmenge pro Stunde . . . . Liter	29837	20848
38. Spezifisches Gewicht bei 17,5° C.	1,253	1,254
39. Spezifische Wärme pro Liter b. obig. Temperaturgrenzen	0,850	0,847
40. Gemessene Kälteleistung d. Verdampf., Kal. pro Stund.	76590	53330
41. Temperatur an der Eintrittsstelle ° C. . . . . Anfang	+ 6,09	— 2,02
42. Temperatur an der Eintrittsstelle ° C. . . . . Ende	6,11	2,04
43. Temperatur an der Austrittsstelle ° C. . . . . Anfang	+ 3,03	— 4,99
44. Temperatur an der Austrittsstelle ° C. . . . . Ende	3,05	4,98
45. Korrektur d. Verdampferleist. inflg. obig Unterschied.	— 100	+ 30
46. Nachgewiesene Verdampferleistung . Kal. pro Stde.	76490	53360
d) Kondensator.		
47. Kühlwassertemperatur beim Eintritt . . . . . ° C.	+ 9,65	9,60
48. Kühlwassertemperatur beim Austritt aus dem Kondensator . ° C.	+ 19,72	19,70
49. Kühlwassertemperatur beim Austritt aus Mantel u. Kolbenstge. ° C.	15,5	15,6
50. Erwärmung im Kondensator . . . . ° C.	10,07	10,10
51. Erwärmung im Mantel und in der Kolbenstange ° C.	5,8	6,0
52. Kühlwassermenge im Kondensator pro Stunde . Liter	8356	6020
53. Kühlw.-Menge im Mantel u. in d. Kolbenstge. pro Stde. Lit.	427	429
54. Totale Kühlwassermenge pro Stunde	8783	6449
55. Kondensatorleistung pro Stunde . . . . . . Kal.	84140	60800
56. Aufsentemperatur, gemessen am Thermometer für . . . . Eintritt, ° C.	18,1	16,3
57. Aufsentemperatur, gemessen am Thermometer für . . . Austritt, ° C.	25,2	21,4
58. Temperatur beim Eintritt in den Kondensator . . . . Anfang, ° C.	+ 9,57	9,64
59. Temperatur beim Eintritt in den Kondensator . . . . . Ende, ° C.	9,67	9,57
60. Temperatur beim Austritt aus dem Kondensator . . . . Anfang, ° C.	+ 19,71	19,72
61. Temperatur beim Austritt aus dem Kondensator . . . . . Ende, ° C.	19,71	19,64
62. Korrektur d. Kondensatorleist. inflg. obig. Unterschiede	+ 100	— 160
63. Nachgewiesene Kondensatorleistung pro Stunde, Kal.	84240	60640
64. Im Mantel u. i. d. Kolbenstange abgegeb. Kal. pro Stde.	2480	2570
65. Totale nachgewiesene Wärmeabgabe pro Stunde . .	86720	63210
66. Im Mant. u. Kolbenstg. abgeg. Wärme i. Proz. d. tot. %	2,86	4,07
e) Wärmebilanz.		
67. Nachgewiesene Kälteleistung . . . . Kal.	76490	53360
68. Äquivalent der indiz. Kompressorarbeit	10710	10250
69. Summe	87200	63610
70. Nachgewiesene Wärmeabgabe	86720	63210
71. Differenz	+ 480	+ 400
72. Dasselbe in Prozenten der nachgew. Wärmeabgabe .	+ 0,6	+ 0,6
f) Schlufsergebnis. Leistungsverhältnis.		
73. Im Verdampfer nachgewiesene Kälte, Kalorien p. Stunde und 1 ᵏ Speisewasser	301,1	219,0
74. Im Verdampfer nachgewiesene Kälte, Kalorien p. Stunde und 1 ᵖ indiz. Dampferl.	3507	2556

Tabelle IV.

Maschine Pictet.

Hauptresultate.

Oberfläche			Doppelte Oberfläche			Einfache Oberfläche		
XIII.	XIV.	XV.	XVI.	XVII.	XVIII.	XIX.	XX.	XXI.
13740	6723	18669	29802	22711	8405	20438	14685	5051
1,255	1,252	1,253	1,260	1,259	1,260	1,253	1,253	1,252
0,845	0,841	0,846	0,850	0,848	0,847	0,850	0,846	0,841
34720	17130	46910	83850	57780	20570	50730	36030	12230
− 9,91	− 18,00	− 1,99	+ 6,31	− 1,89	− 18,15	+ 5,96	− 2,03	− 18,09
9,94	18,00	2,05	6,33	1,90	18,14	5,96	2,01	18,01
− 12,91	− 21,00	− 5,02	+ 3,07	− 5,04	− 20,92	+ 3,07	− 4,93	− 20,80
12,88	21,00	4,96	3,03	5,00	20,88	3,07	4,90	20,62
0	0	0	+ 60	− 80	− 140	0	− 370	− 1790
34720	17130	46910	83910	57700	20430	50730	35660	10440
9,61	9,68	9,68	9,62	9,57	9,78	9,68	9,69	9,79
19,59	19,51	35,18	19,65	19,60	19,92	19,59	34,79	19,55
16,8	16,7	18,6	16,1	15,9	17,1	14,6	18,3	15,4
9,98	9,83	25,50	10,03	10,03	10,14	9,91	25,10	9,76
7,2	7,0	8,9	6,5	6,3	7,3	4,9	8,6	5,6
4058	2228	2068	9198	6498	2625	5288	1211	1409
431	426	427	423	426	428	430	427	426
4489	2654	2495	9621	6924	3053	5718	1638	1835
40500	21900	52730	92260	65170	26620	52400	30400	13750
16,8	16,5	18,1	18,7	17,2	18,5	18,5	18,6	17,9
22,5	22,2	25,2	24,1	21,9	24,5	23,8	25,4	24,2
9,58	9,68	9,73	9,64	9,59	9,83	9,68	9,72	9,86
9,61	9,72	9,72	9,61	9,59	9,78	9,68	9,68	9,73
19,37	19,52	35,08	19,71	10,92	10,92	10,58	34,68	19,57
19,35	19,59	35,01	19,71	19,87	19,82	19,71	34,66	19,57
+ 10	+ 110	− 80	− 30	− 50	− 160	+ 290	− 170	− 330
40510	22010	52650	92230	65120	26460	52690	30230	13420
3100	2980	3800	2750	2680	3120	2110	3670	2390
43610	24990	56450	94980	67800	29580	54800	33900	15810
7,11	11,92	6,73	2,90	3,05	10,55	3,65	10,83	15,12
34720	17130	46910	83910	57700	20430	50730	35660	10440
9080	7530	14590	11980	11510	8110	6230	10950	4810
43800	24660	61500	95890	69210	28540	56960	46610	15250
43610	24990	56450	94980	67800	29580	54800	33900	15810
+ 190	− 330	+ 5050	+ 910	+ 1410	− 1040	+ 2160	+ 12710	− 560
+ 0,4	− 1,3	+ 8,9	+ 1,0	+ 2,1	− 3,5	+ 3,9	+ 37,5	− 3,5
154,6	90,0	150,1	317,2	227,5	105,5	312,6	142,1	74,0
1852	1075	1702	3837	2782	1265	4033	1769	1045

Man verfuhr dabei so, dass in das Indikatordiagramm die Kondensatorspannung in der Lage eingezeichnet wurde, wie es die reproduzierten Diagramme (Tafel XI bis XXI) zeigen; hieraus wurde unter Annahme der Richtigkeit der Angabe des Manometers der Maſsstab der Indikatorfeder berechnet und nach diesem die abgelesene Verdampferspannung eingezeichnet. Um einen richtigen Mittelwert für den Federmaſsstab zu gewinnen, wurde diese Operation bei sämtlichen Kompressordiagrammen ausgeführt und es zeigte sich dabei, daſs bei jedem einzelnen Versuch eine allmähliche Zunahme der Abweichung von dem, bei der Prüfung der Indikatoren unter Wasserdruck gefundenen Federmaſsstab eintrat — ein deutliches Zeichen, daſs mit zunehmender Erwärmung und zunehmender Undichtigkeit des Kolbens die Verhältnisse, unter welchen die Feder arbeitete, sich mehr und mehr von denjenigen entfernten, welche bei der Prüfung vorhanden gewesen waren. Als Maſsstab zur Berechnung der indizierten Kompressorarbeit wurde, wie gesagt, das arithmetische Mittel aus den bei sämtlichen Diagrammen eines Versuches gefundenen Werten benutzt, die auf den beigegebeneu Tafeln angegebenen Maſsstäbe sind dagegen die jeweilig zu dem reproduzierten Diagramm gehörigen.

Ein weiterer Beweis für die Richtigkeit der Bestimmung des Indikatormaſsstabes aus den Manometerablesungen liegt in dem Umstand, daſs nunmehr auch die Verdampferspannung, wenn sie nach dem aus der Kondensatorspannung gewonnenen Maſsstabe in das Diagramm eingezeichnet wurde, gegenüber der Saugspannung in letzterem eine nicht unwahrscheinliche Lage annahm; die folgende Tabelle enthält übrigens die ursprünglichen und die korrigierten Federmaſsstäbe

Versuch		XI	XII	XIII	XIV	XV	XVI
Ursprünglicher Maſsstab mm pro 1 kg	vorn	11,78	11,78	11,68	11,78	8,92	11,77
	hinten	11,54	11,54	11,37	11,83	8,96	11,53
Korrigierter Maſsstab mm pro 1 kg	vorn	11,49	11,42	11,12	10,63	8,49	10,68
	hinten	11,54	11,31	11,10	10,77	8,44	10,66

Versuch		XVII	XVIII	XIX	XX	XXI
Ursprünglicher Mafsstab mm pro 1 kg	vorn	11,77	11,67	11,78	8,92	11,78
	hinten	11,53	11,36	11,54	8,96	11,83
Korrigierter Mafsstab mm pro 1 kg	vorn	10,35	10,81	11,17	8,26	10,66
	hinten	10,20	10,43	11,15	8,34	10,70

und ergibt im Zusammenhang mit Post 29 der Haupttabelle, dafs die Versuche XV, XVI, XVII und XX bedeutend höhere Werte des Verhältnisses $\frac{\text{indizierte Kompressorarbeit}}{\text{indizierte Dampfarbeit}}$ ergaben; jedenfalls hängt dies auch mit dem schon oben erwähnten veränderlichen Verhalten der Dampfmaschine zusammen. Die Korrektur der Kompressorarbeit dürfte in diesem Fall etwas zu weit gehen — doch unterlassen wir eine weitere Verfolgung des Gegenstandes um so eher, als ja die Kompressorarbeit nur einen Durchgangsposten bildet, und für das der Vergleichung zugrunde zu legende Schlufsergebnis keine Rolle spielt.

ad 45 und 62 gilt dasselbe, was zu den entsprechenden Posten der Lindeschen Maschine oben schon bemerkt wurde.

ad 49, 51, 53, 64 und 66. Bekanntlich ist die Pictetsche Maschine mit Kühlmantel versehen, weil sie mit überhitzten Dämpfen arbeitet; das der allgemeinen Kühlwasserleitung entnommene Wasser strömt zuerst durch den Mantel und dann noch durch die hohle Kolbenstange und die von demselben aufgenommene Wärme ist natürlich zu der im Kondensator an das Kühlwasser abgegebenen zu addieren. Nur darf nicht übersehen werden, dafs darin auch das Wärmeäquivalent der Kolbenreibungsarbeit mitenthalten ist, welches ja auch von den Cylinderwandungen aufgenommen wird und im vorliegenden Fall gleichfalls an das Mantelkühlwasser übergeht. Der Posten ist also sicher etwas zu hoch — um wieviel, läfst sich nicht angeben.

ad 67—72. Bei der Pictetschen Maschine tritt mit Bezug auf das Fehlerglied $Q_c'—Q_v'$ das Entgegengesetzte ein, wie bei der Lindeschen; die bedeutende Überhitzung im Kompressorcylinder bedingt in der Rohrleitung von da bis zum Kondensator eine so ausgiebige Wärmeabgabe an die Luft, dafs (namentlich auch angesichts der aufserordentlich sorgfältigen Isolierung des Verdampfers) $Q_c' > Q_v'$ wird. Während bei den Versuchen XI—XIII nach Post 72 die Bilanz fast genau stimmt, bewirkt bei Versuch XIV die niedrige Temperatur doch ein Überwiegen des Verlustes am Verdampfer; dafs bei Nr. XV ein so beträchtliches Überwiegen von Q_c' eintritt, ist der hohen Kondensatortemperatur zuzuschreiben (35°), welche wegen der viel gröfseren Oberfläche des Kondensators ungleich stärkere Strahlung zur Folge hat, als bei der Lindeschen Maschine, wozu noch der Umstand hinzukommt, dafs die Kühlwassermenge nur halb so grofs ist, wie bei dieser, mithin die Erneuerung des Wasserinhaltes im Kondensator (10,2 gegen 5,43 bei Linde) viel langsamer von statten geht, und daher der Wärmeaustausch mit der Atmosphäre ungleich lebhafter sein mufs. Am auffallendsten macht sich dies natürlich bei den Versuchen mit kleiner Tourenzahl geltend, wo denn auch das Fehlerglied ganz naturgemäfs eine sehr beträchtliche Höhe erreicht.

Nach der Vorschrift des speziellen Programms, beziehungweise der Ausführungsbestimmungen erübrigt nun nur noch die Umrechnung der bei den Versuchen gefundenen Leistungsverhältnisse auf genau gleiche Temperaturgrenzen und genau gleiche Wärmemengen, was nach den Formeln auf S. 58 zu geschehen hat. Natürlich beschränkt sich die Rechnung auf diejenigen Versuche, welche bei beiden Maschinen unter gleichen Bedingungen ausgeführt wurden, es fallen also hier aufser Betracht der Versuch Nr. IX mit der Lindeschen und die Versuche Nr. XX und XXI mit der Pictetschen Maschine. Zunächst sind die Leistungsverhältnisse in der Weise umgerechnet worden, dafs für beide Maschinen das Verhältnis $\frac{AL}{W}$ nach den Formeln S. 56 ermittelt wurde, und dann als gemeinsame Normaltemperaturen in die gleichen Formeln die im § 2 des speziellen Programms verlangten Salzlösungstemperaturen und als mittlere Kondensatortemperatur 19,5° beziehungsweise 35,0° C eingesetzt wurden. Das unter diesen Einführungen sich ergebende

Tabelle V.

Maschine Linde.

Nummer des Versuches (s. Tabelle IV)	I	II	III	IV	V	VI	VII	VIII	X
Mittel aus Einlauf- und Auslauftemperaturen der Salzlösung . t_s °C.	+4,44	−3,52	−11,45	−19,37	−3,52	+4,70	−3,52	−19,46	+4,47
Mittlere Auslauftemperatur im Kondensator . . . . t_k °C.	19,76	19,63	19,84	19,72	35,33	19,68	19,62	19,81	19,39
Theoretisches Leistungsverhältnis $\frac{AL}{W}$	0,0936	0,126	0,162	0,199	0,186	0,0843	0,118	0,190	0,0921
Dieselben Werte für die normalen Salzlösungstemperaturen und die Kondensatortemperatur 19,5 und 35 { . . . . t_s °C.	+4,5	−3,5	−11,5	−19,5	−3,5	+4,5	−3,5	−19,5	+4,5
. . . . t_k °C.	19,5	19,5	19,5	19,5	35,5	19,5	19,5	19,5	19,5
$\left(\frac{AL}{W}\right)_n$	0,0924	0,126	0,161	0,199	0,185	0,0844	0,117	0,189	0,0924
Korrektionsfaktor für das Leistungsverhältnis . . $\left(\frac{AL}{W}\right)_n : \frac{AL}{W}$	0,987	1,000	0,994	1,000	0,995	1,001	0,992	0,995	1,003
Auf normale Temperaturen umgerechnetes Leistungsverhältnis { Kalorien Kälte pro 1 kg Dampf	420,1	312,1	225,1	163,3	201,7	488,6	350,6	181,1	437,2
" " " 1 P. S. indiziert	4252	3182	2322	1711	2012	4913	3496	1852	4787

Maschine Pictet.

Nummer des Versuches (s. Tabelle IV)	XI	XII	XIII	XIV	XV	XVI	XVII	XVIII	XIX
Mittel aus Einlauf- und Auslauftemperaturen der Salzlösung. . t_s °C.	+4,59	−3,47	−11,41	−19,44	−3,52	+4,72	−3,50	−19,45	+4,53
Mittlere Auslauftemperatur im Kondensator . . . . t_k °C.	19,72	19,70	19,59	19,51	35,18	19,65	19,60	19,92	19,59
Theoretisches Leistungsverhältnis $\frac{AL}{W}$	0,0929	0,126	0,161	0,199	0,186	0,0841	0,118	0,191	0,0926
Korrektionsfaktor für das Leistungsverhältnis, $\left(\frac{AL}{W}\right)_n : \frac{AL}{W}$	0,995	1,00	1,00	1,00	0,995	1,003	0,992	0,989	0,998
Auf normale Temperaturen umgerechnetes Leistungsverhältnis { Kalorien Kälte pro 1 kg Dampf	299,6	219,0	154,6	90,0	149,3	318,2	225,7	104,3	312,0
" " " 1 P. S. indiziert	3489	2556	1852	1075	1693	3849	2760	1251	4025

Verhältnis sei mit $\left(\frac{AL}{W}\right)_n$ bezeichnet; sämtliche Rechnungsresultate finden sich in der Tabelle V (s. S. 81) zusammengestellt, welche sich hiernach von selbst erklärt. Die Endergebnisse sind zu vergleichen mit den Posten 71 und 72, beziehungsweise 73 und 74 der Haupttabelle.

Tabelle VI.

Temperaturgrenzen			+6 +3	−2 −5	−10 −13	−18 −21	−2 −5 Kond. 35°
Maschine Linde	normale Fläche	w	78140	58110	39780	26860	49360
		q	420,1	312,1	225,1	163,3	201,7
	doppelte Fläche	$w(1+x)$	88980	64390	43330*	29520	54690*
		$q(1+y)$	488,6	350,6	246,7*	181,1	226,6*
Maschine Pictet	normale Fläche	w'	76490	53360	34720	17130	46910
		q'	299,6	219,0	154,6	90,0	149,3
	doppelte Fläche	$w'(1+x')$	83910	57700	37690*	20430	50730*
		$q'(1+y')$	318,2	225,7	159,9*	104,3	153,9*
Normalwärmemenge für einfache Fläche		$^1/_2(w+w')$	77315	55735	37250	21995	48135
Normalwärmemenge für doppelte Fläche		$^1/_2[w(1+x)+w'(1+x')]$	86445	61045	40510*	24975	52710*
Korrekturen bei Umrechnung a. d. angegeb. Normalwärmemengen		$\frac{^1/_2(w-w')}{^1/_2(w+w')}\cdot y\cdot q$	0,7	1,6	1,5*	3,9	0,6*
		$\frac{^1/_2(w-w')}{^1/_2(w+w')}\cdot y'\cdot q'$	0,2	0,3	0,4*	3,2	0,1*
		$\frac{^1/_2[w(1+x)-w'(1+x')]}{^1/_2[w(1+x)+w'(1+x')]}\cdot y\cdot q$	2,0	2,1	1,5*	3,2	0,9*
		$\frac{^1/_2[w(1+x)-w'(1+x')]}{^1/_2[w(1+x)+w'(1+x')]}\cdot y'\cdot q'$	0,5	0,4	0,4*	2,6	0,2*

Die Umrechnung auf genau gleiche Wärmemengen erfordert nach den auf S. 58 angegebenen Formeln, dafs für sämtliche Normaltemperaturen sowohl bei einfacher als bei doppelter Fläche Versuche vorliegen; thatsächlich sind aber nur für die 3 Temperaturgrenzen + 6 + 3; — 2 — 5; — 18 — 21 derartige Parallelversuche vorhanden, und es bleibt daher nichts übrig, als aus den Ergebnissen dieser drei Versuche, die für die Temperaturen — 10 — 13 einzuführenden Werte zu interpolieren, was auf graphischem Wege sehr genau ausgeführt werden kann, indem man die jeweiligen Mitteltemperaturen + 4,5; — 3,5; — 11,5; — 19,5 als Abscissen und die Werte von q und $q\ (1 + y)$ beziehungsweise q' und $q'\ (1 + y')$ (s. S. 58 und 59) als Ordinaten aufträgt und die fehlenden Gröfsen $q\ (1 + y)$ und $q'\ (1 + y')$ für den Versuch bei — 11,5 aus den erhaltenen Kurven entnimmt. Zur Kontrolle wurden die Werte auch noch rechnerisch bestimmt, indem für die eben besprochenen Kurven Gleichungen zweiten Grades aufgestellt wurden; so ergeben sich die in der Tabelle VI zusammengestellten Zahlen, die sich ohne weiteres von selbst erklären.

Die durch Interpolation gewonnenen Zahlen sind durch ein beigesetztes * gekennzeichnet.

Die Rechnung, wie sie bei dem Versuch 5 des speziellen Programms, Kondensatortemperatur $+ 35^{0}$, durchgeführt wurde, gibt noch zu einigen Bemerkungen Anlafs. Es liegen hier nur Versuche bei einfacher Fläche vor, und man mufste daher so schliefsen: Die Abnahme des Wertes von q, produzierte Kälte pro 1 kg Dampf gegenüber dem bei gleichen Salzlösungstemperaturen, aber normaler Kondensatortemperatur ausgeführten Versuch, ist offenbar nur dem erhöhten Kraftbedarf zuzuschreiben, infolge dessen sich der Dampfverbrauch steigert. Man kann also ganz wohl den Schlufs ziehen, dafs auch bei diesem Versuch die Verdoppelung der Oberfläche den Wert von q ebenso beeinflufst haben würde wie bei normaler Kondensatortemperatur und so entstanden die Zahlen $226{,}6 = 201{,}7\ \frac{350{,}6}{312{,}1}$ beziehungsweise $153{,}9 = 149{,}3\ \frac{225{,}7}{219{,}0}$. Um nun auch hier die Korrekturen wegen nicht genau gleicher Kältemengen einzuführen, mufsten vor allem die Verdampferleistungen bei doppelter Fläche gleichfalls rechnerisch bestimmt werden. Dazu bot sich eine ganz ähnliche Schlufsfolgerung von selbst dar: man durfte ohne wesentlichen Fehler annehmen, dafs die Vergröfserung der **absoluten** Verdampferleistung in demselben Mafse stattgefunden haben würde, wie bei dem entsprechenden Versuch mit normaler Kondensatortemperatur — so ergaben sich die Werte $w\ (1 + x) = 54690 = 49360\ \frac{64390}{58110}$ und $w'\ (1 + x') = 50730 = 46910\ \frac{57700}{53360}$; mit diesen Zahlen sind sodann die Korrekturen berechnet, welche in der Tabelle aufgenommen wurden.

So gelangen wir endlich zu dem, auf vollkommen gleicher Grundlage für beide Maschinen beruhenden und eine unmittelbare Vergleichung derselben ermöglichenden Schlufsergebnifs, welches die in der vorigen Tabelle berechneten Korrekturen mit den Ergebnissen der direkten Beobachtung, wie sie in Tabelle IV zusammengestellt sind, vereinigt und damit für die beiden Maschinen von Linde und Pictet ein endgültiges Urteil ermöglicht.

Tabelle VII.

		Einfache Fläche				
Temperaturgrenzen		+6 +3	−2 −5	−10 −13	−18 −21	−2 −5 Kond. 35°
Verdampferleistung pro Stunde	Kal.	77315	55735	37250	21995	48135
Kalorien Kälte pro Stunde und 1 kg Dampf	Linde	420,8	313,7	226,6*	167,2	202,3*
	Pictet	299,4	218,7	154,2*	86,8	149,2*
Kalorien Kälte pro Stunde und 1 indizierte Pferdestärke d. Dampfm.	Linde	4259	3198	2337*	1752	2018*
	Pictet	3487	2552	1847*	1037	1692*

		Doppelte Fläche				
Temperaturgrenzen		+6 +3	−2 −5	−10 −13	−18 −21	−2 −5 Kond. 35°
Verdampferleistung pro Stunde	Kal.	86445	61045	40510*	24975	52710*
Kalorien Kälte pro Stunde und 1 kg Dampf	Linde	490,6	352,7	248,2*	184,3	227,5*
	Pictet	317,7	225,3	159,5*	101,7	153,7*
Kalorien Kälte pro Stunde und 1 indizierte Pferdestärke d. Dampfm.	Linde	4933	3517	2559*	1885	2270*
	Pictet	3843	2755	1911*	1219	1743*

Mit der Hinausgabe der Zahlen in Tabelle VII glauben wir, unsere Aufgabe in Bezug auf die beiden ersten, in der Versuchsstation untersuchten Maschinen gelöst zu haben.

Maschine Linde

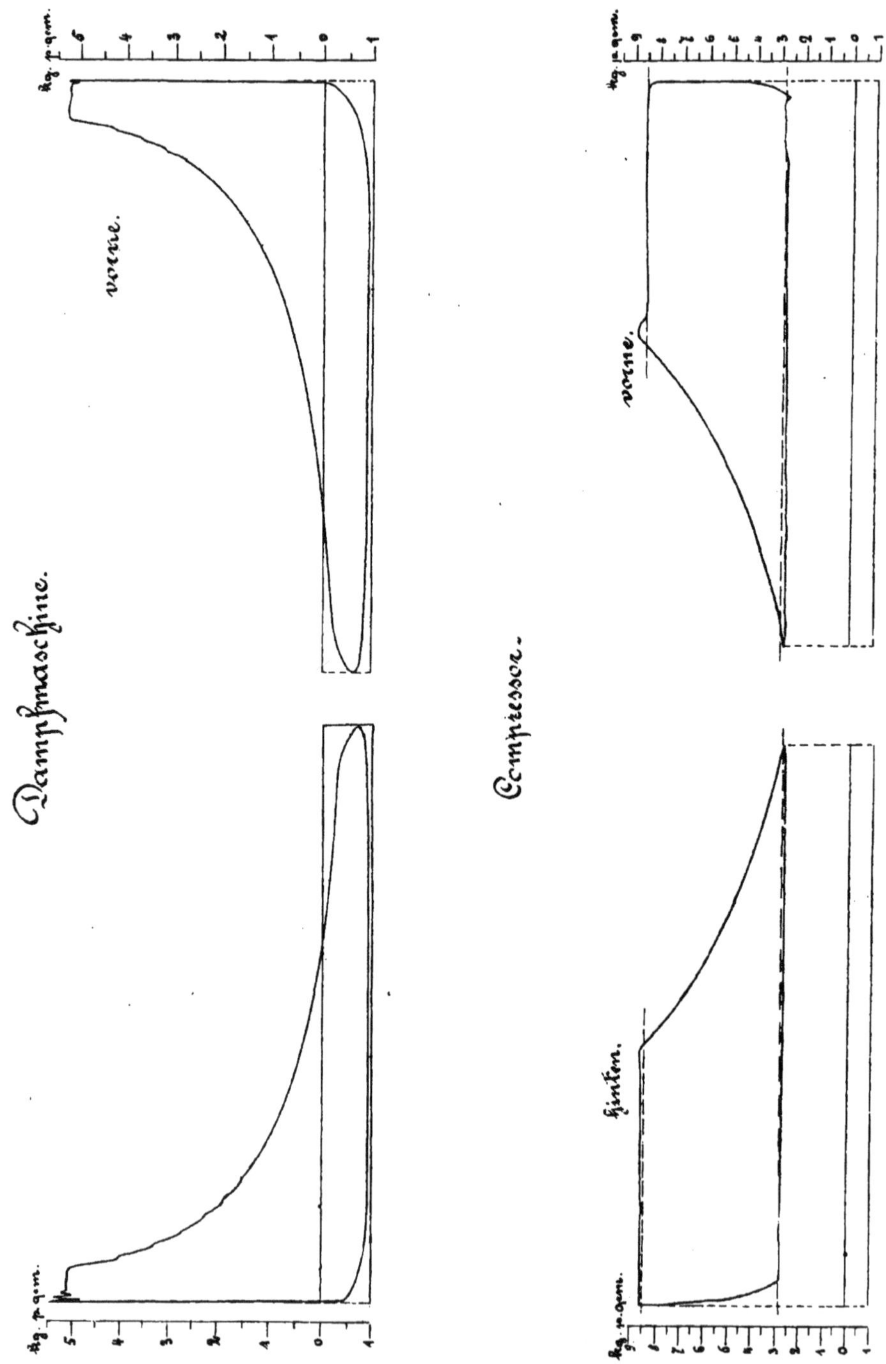

Tafel I.

Versuch Nr. I.

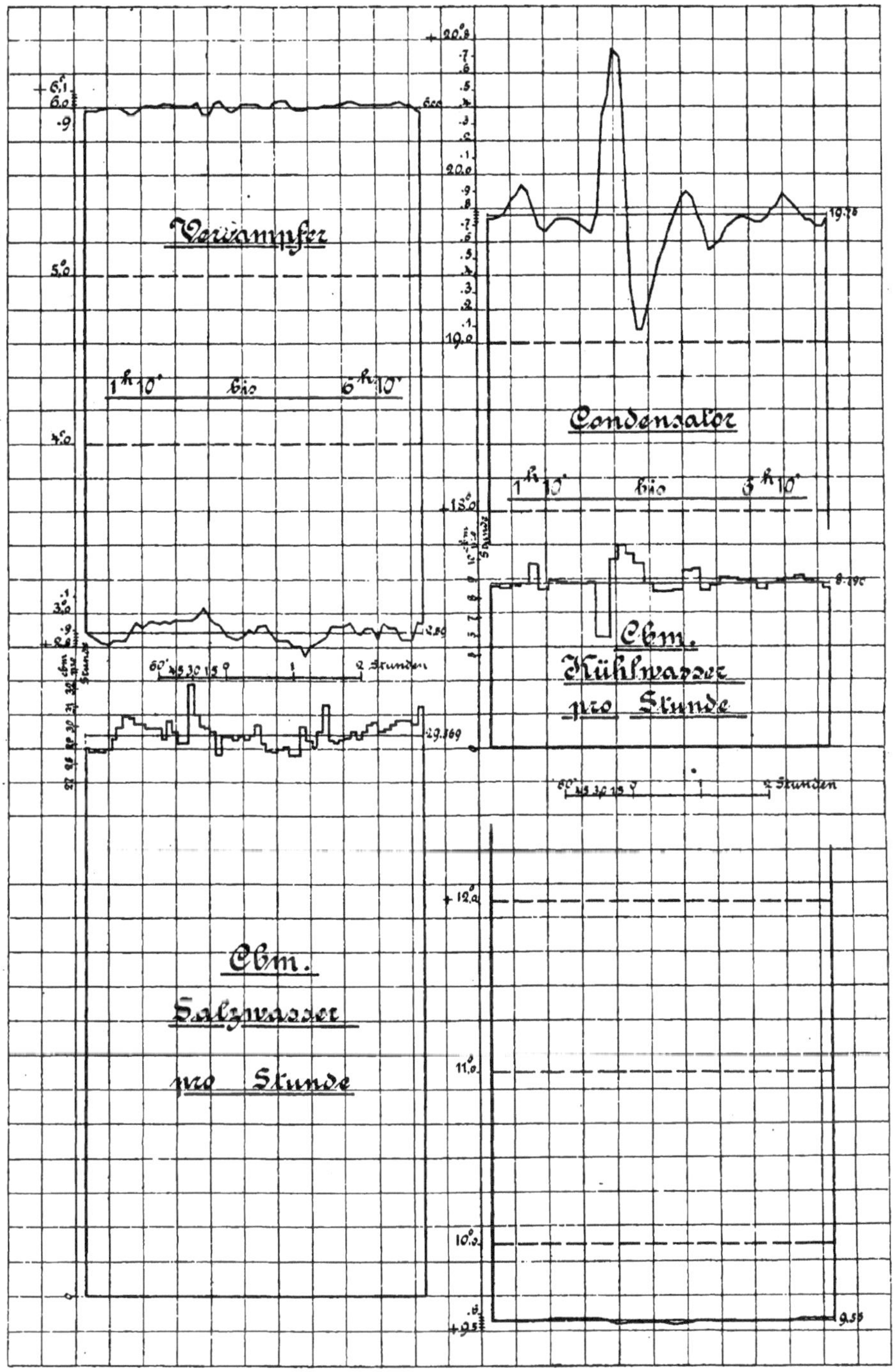

J. B. Obernetter, München.

Maschine Linde

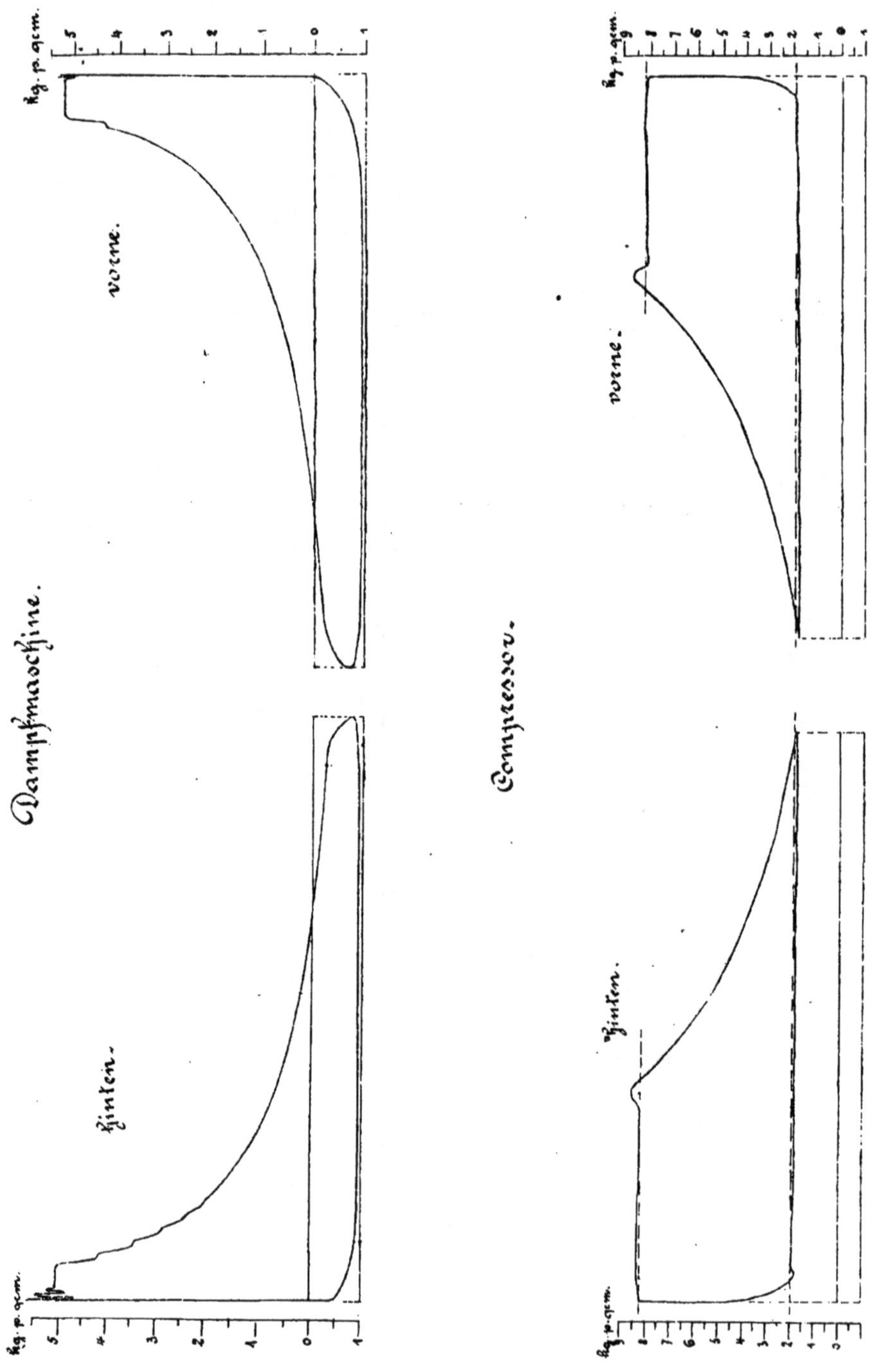

Tafel II.

Versuch Nr. II.

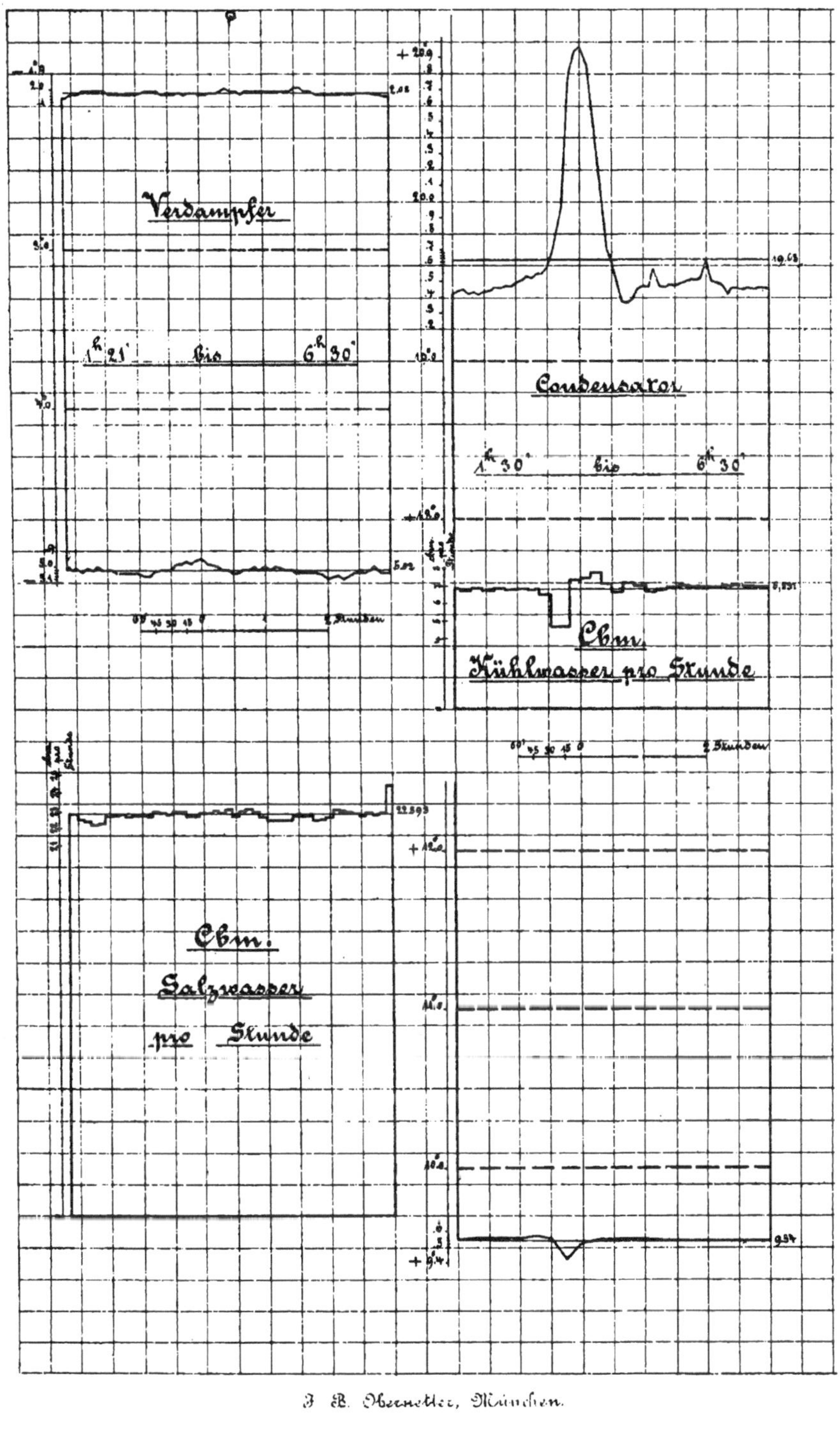

J. B. Obernetter, München.

Maschine Linde

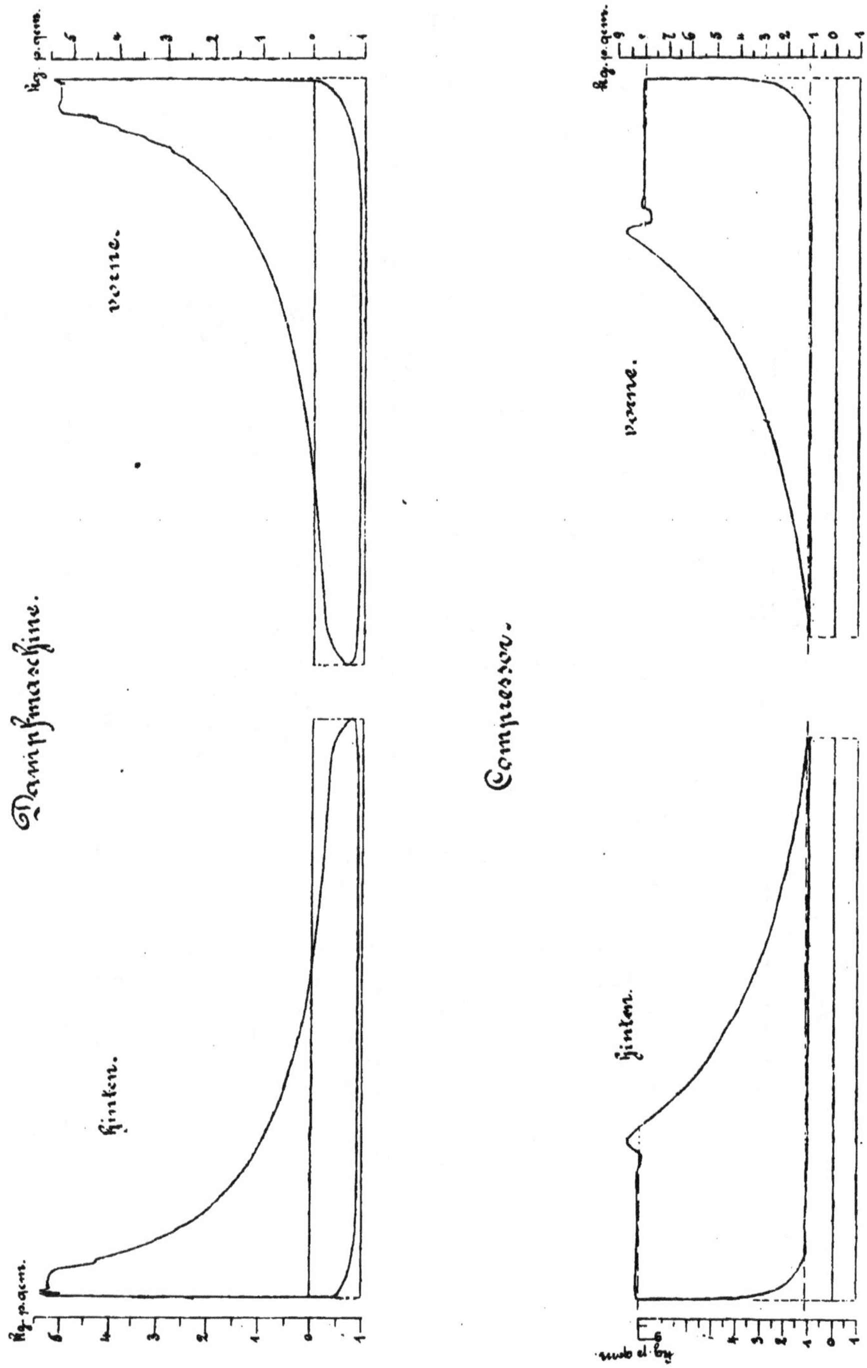

Versuch Nr. III.

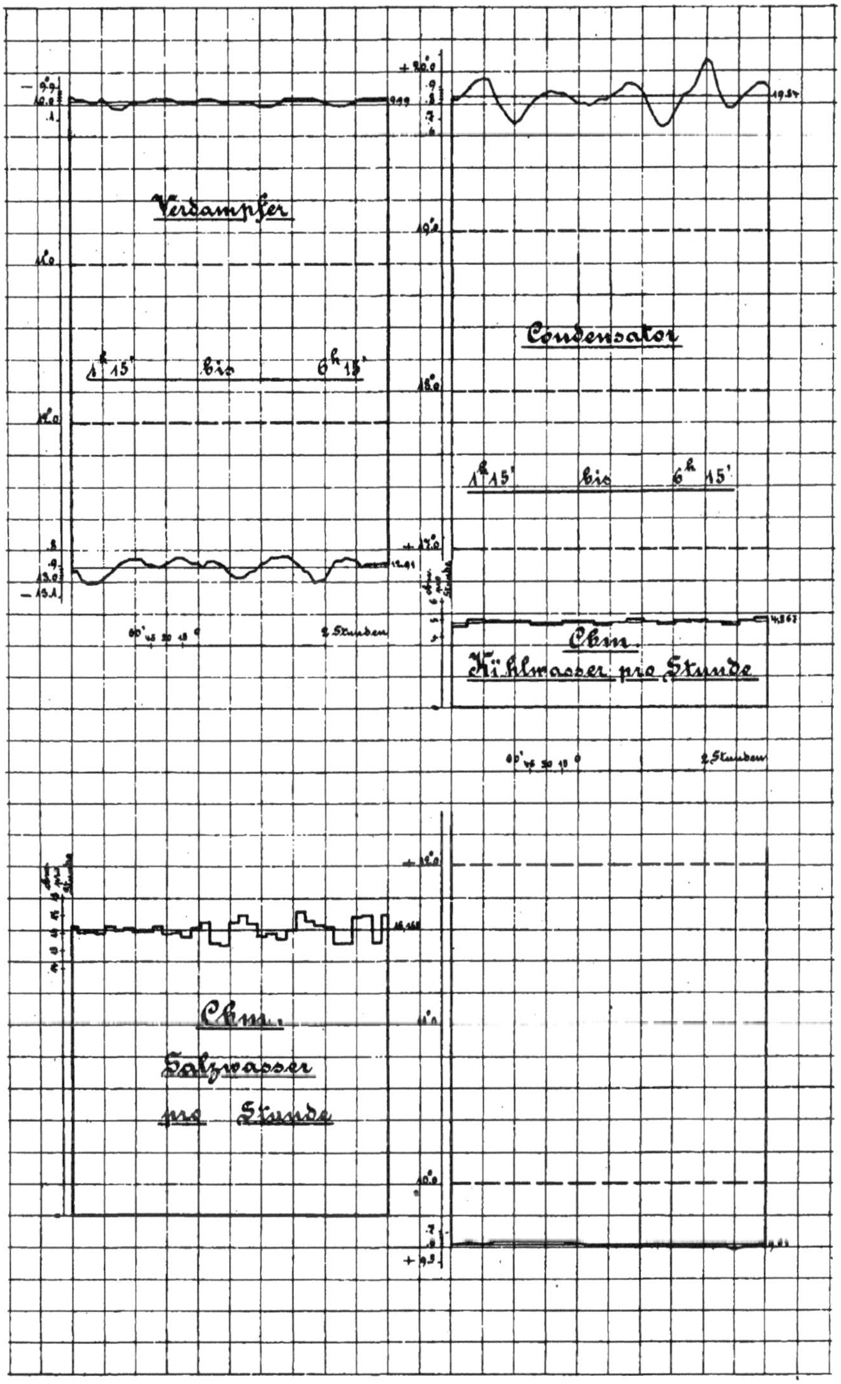

J. B. Obernetter, München.

Maschine Linde

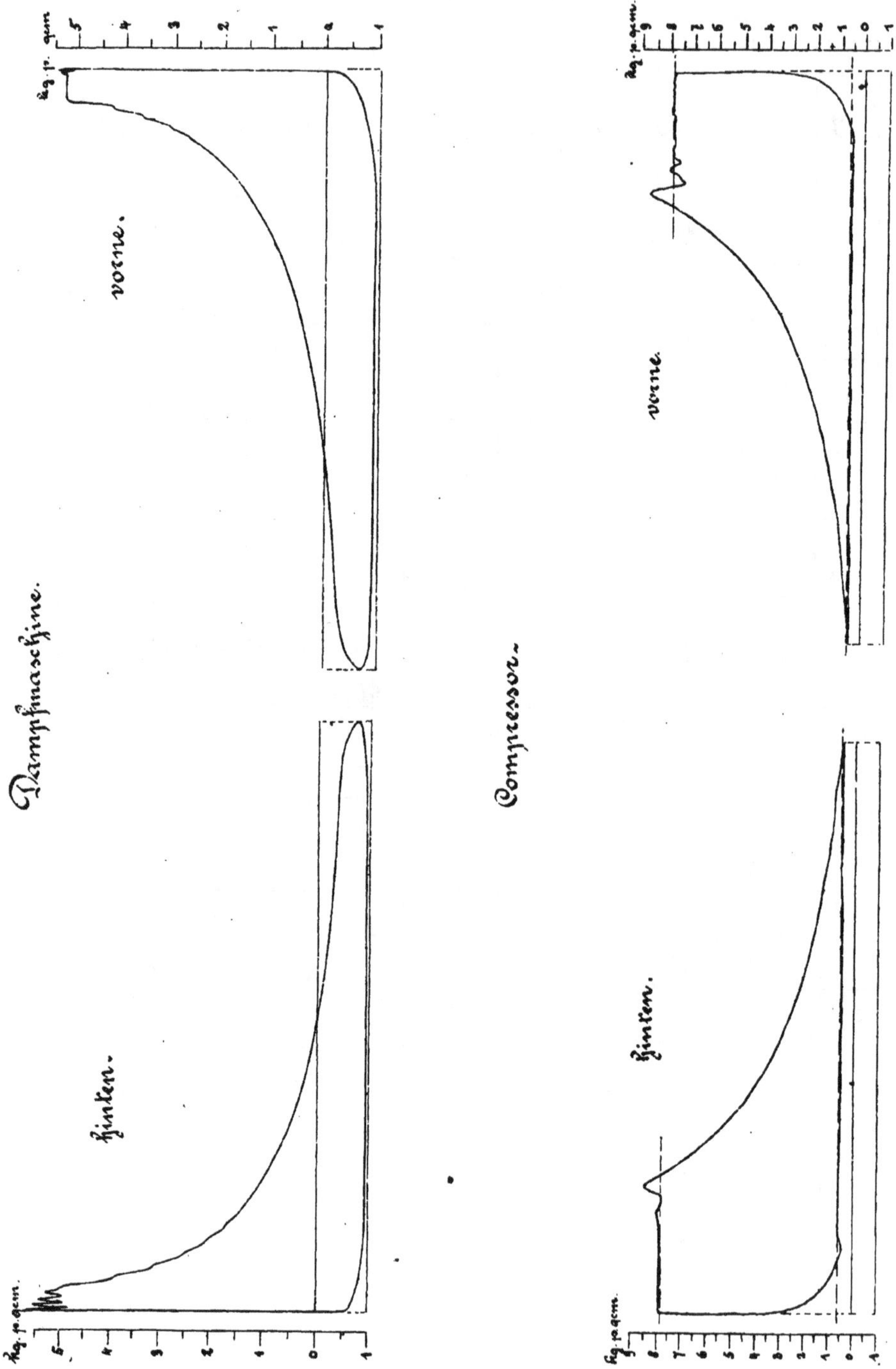

Tafel IV.

Versuch Nr. IV.

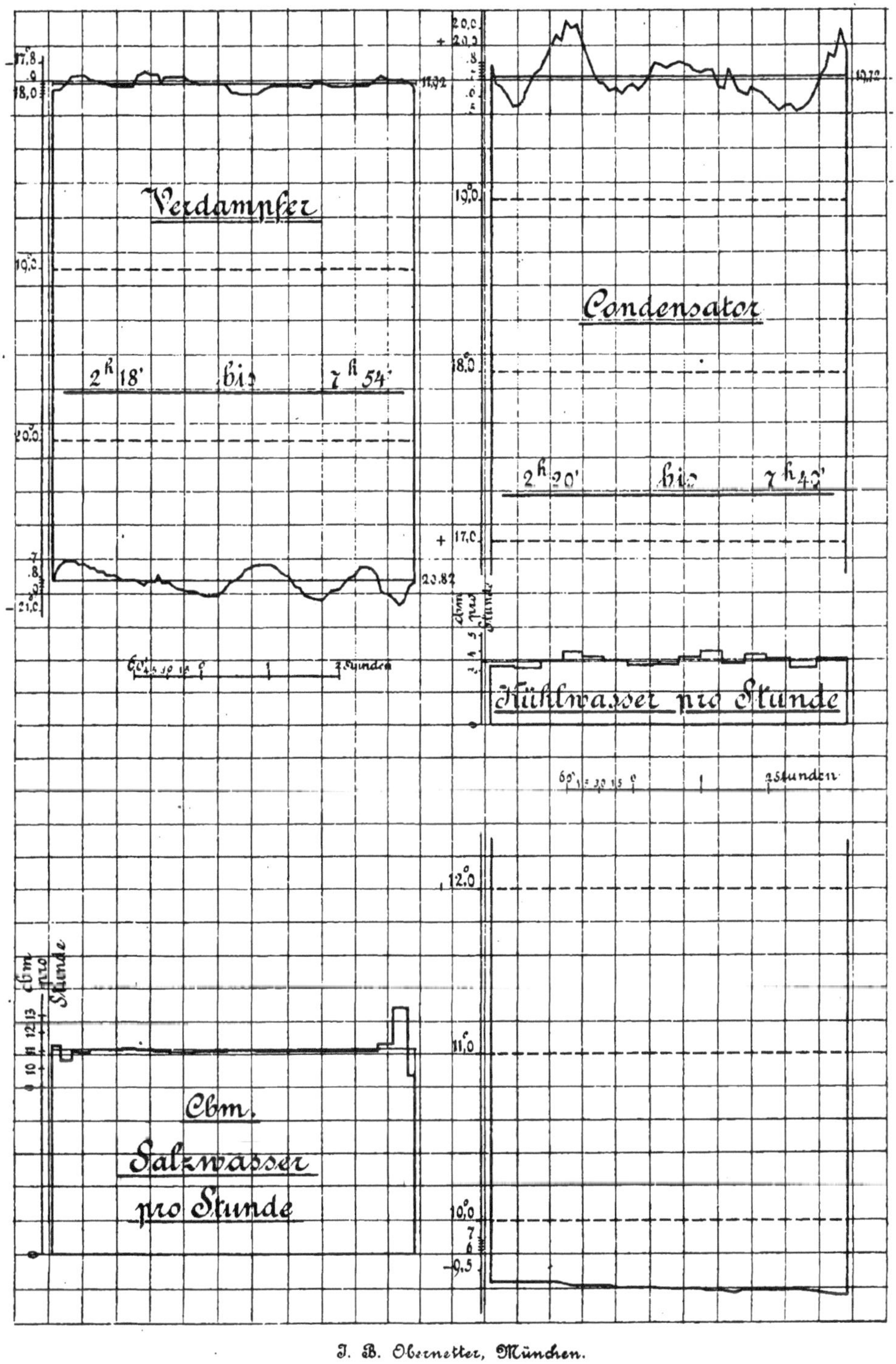

J. B. Obernetter, München.

Maschine Linde

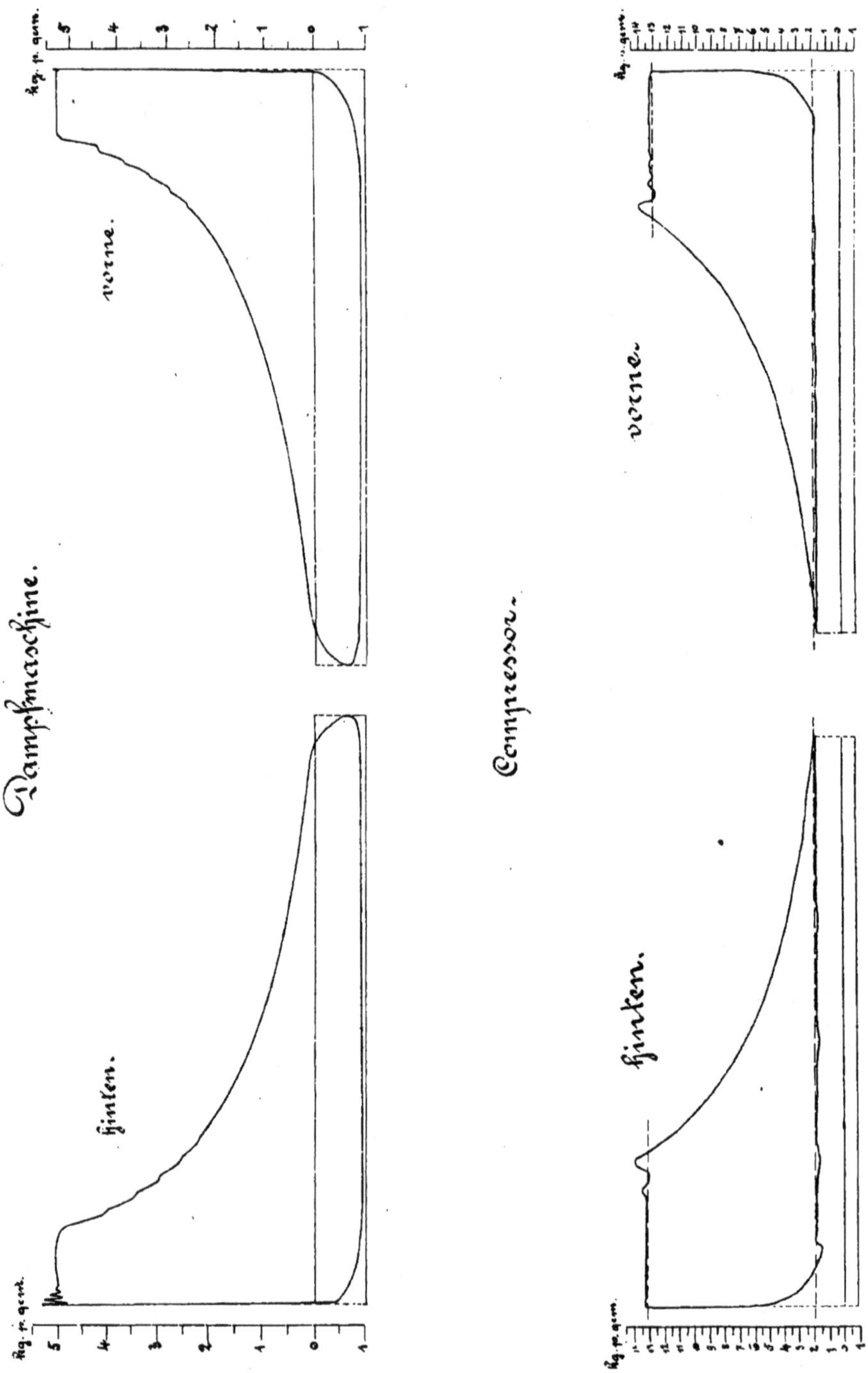

Versuch Nr. V.

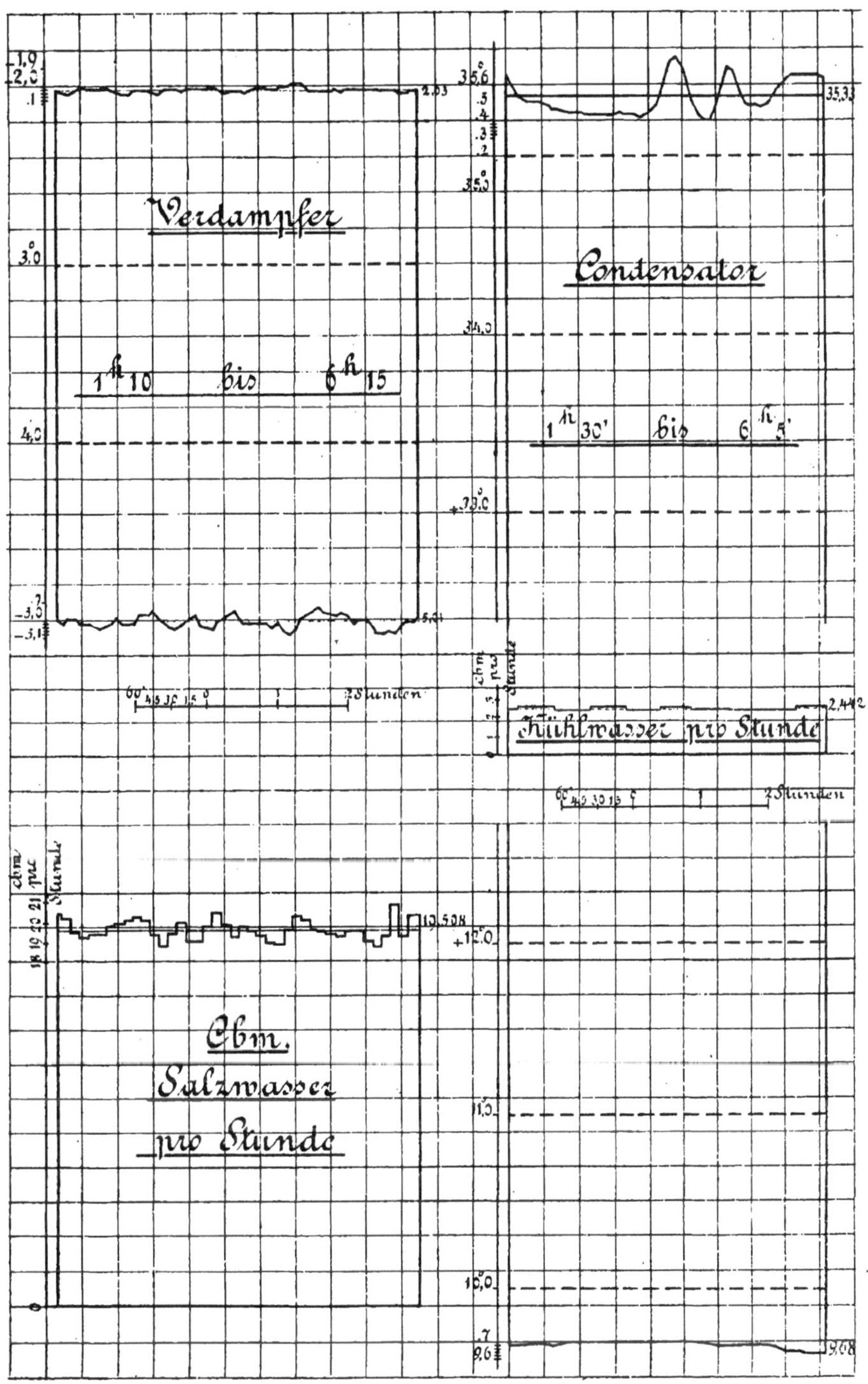

J. B. Obernetter, München.

Maschine Linde

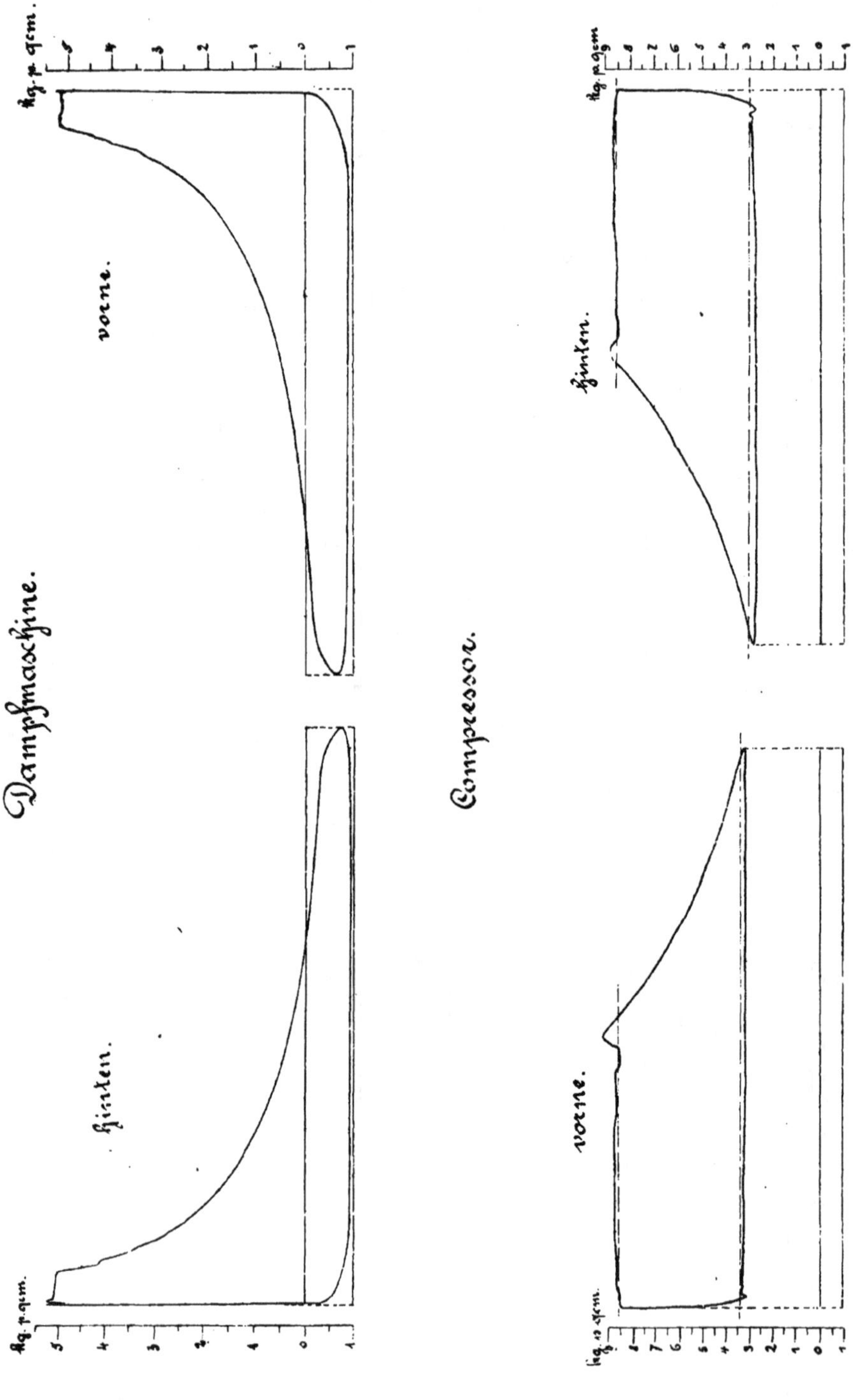

Versuch Nr. VI.

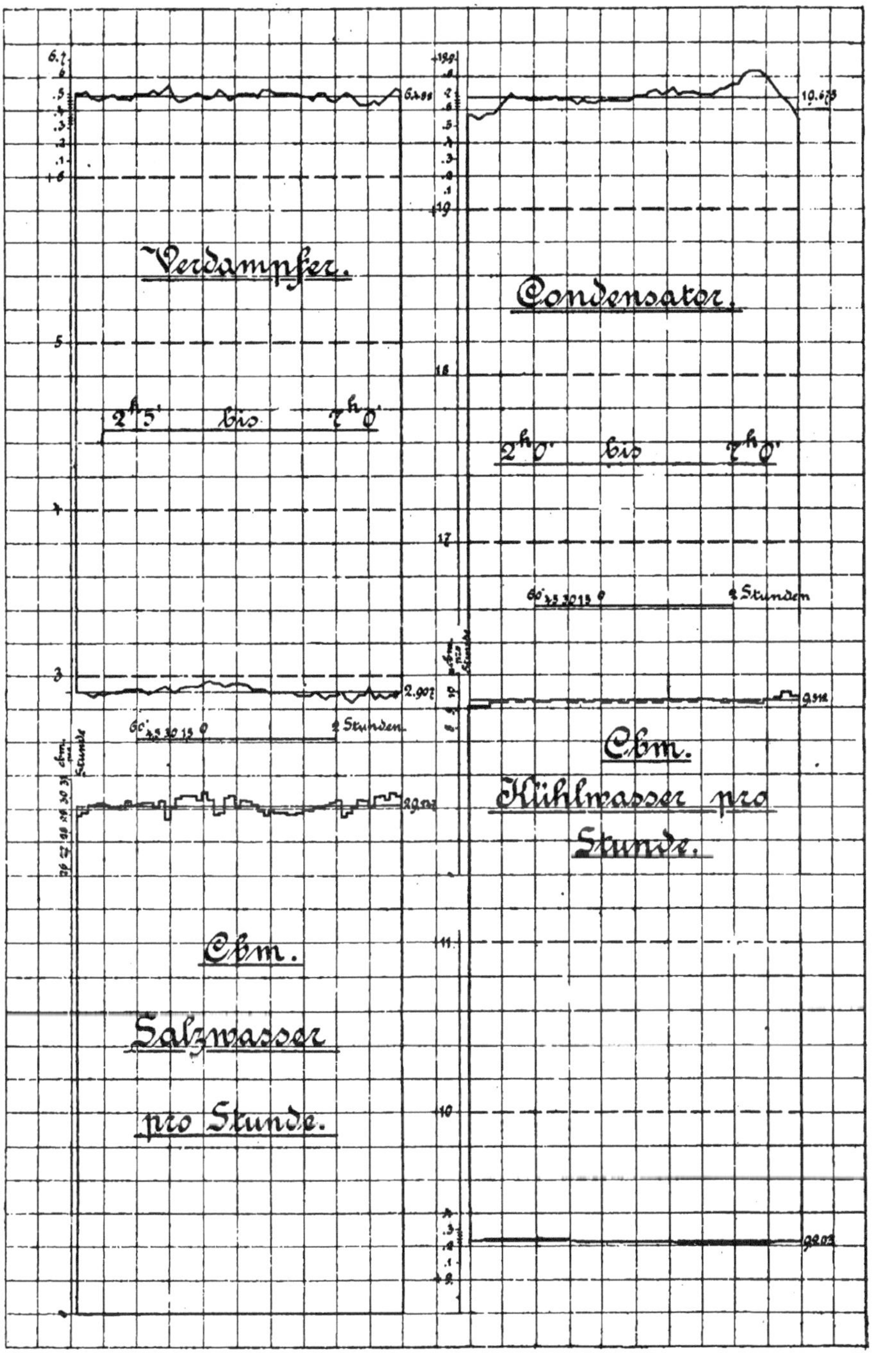

J. B. Obernetter, München.

Maschine Linde

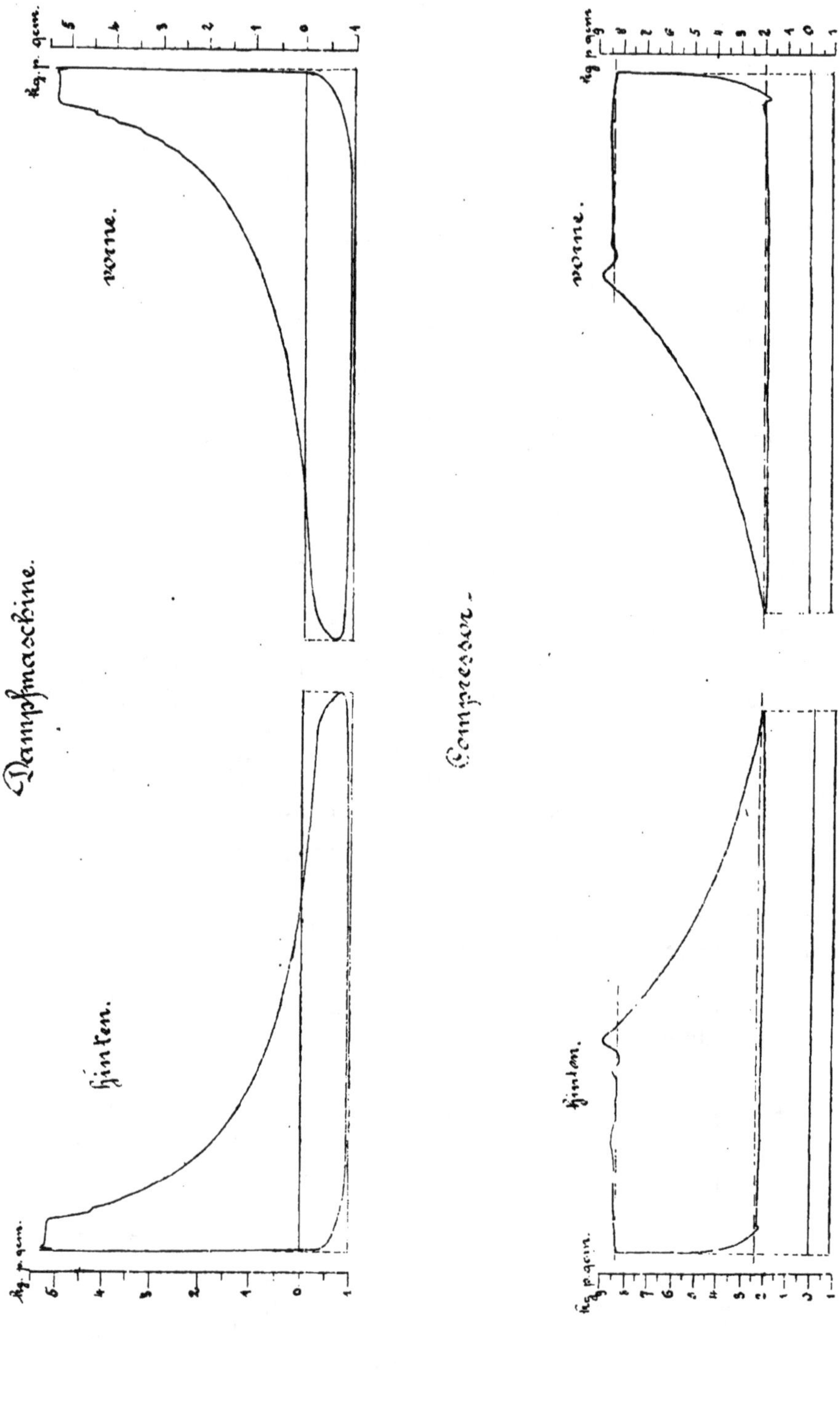

Versuch Nr. VII.

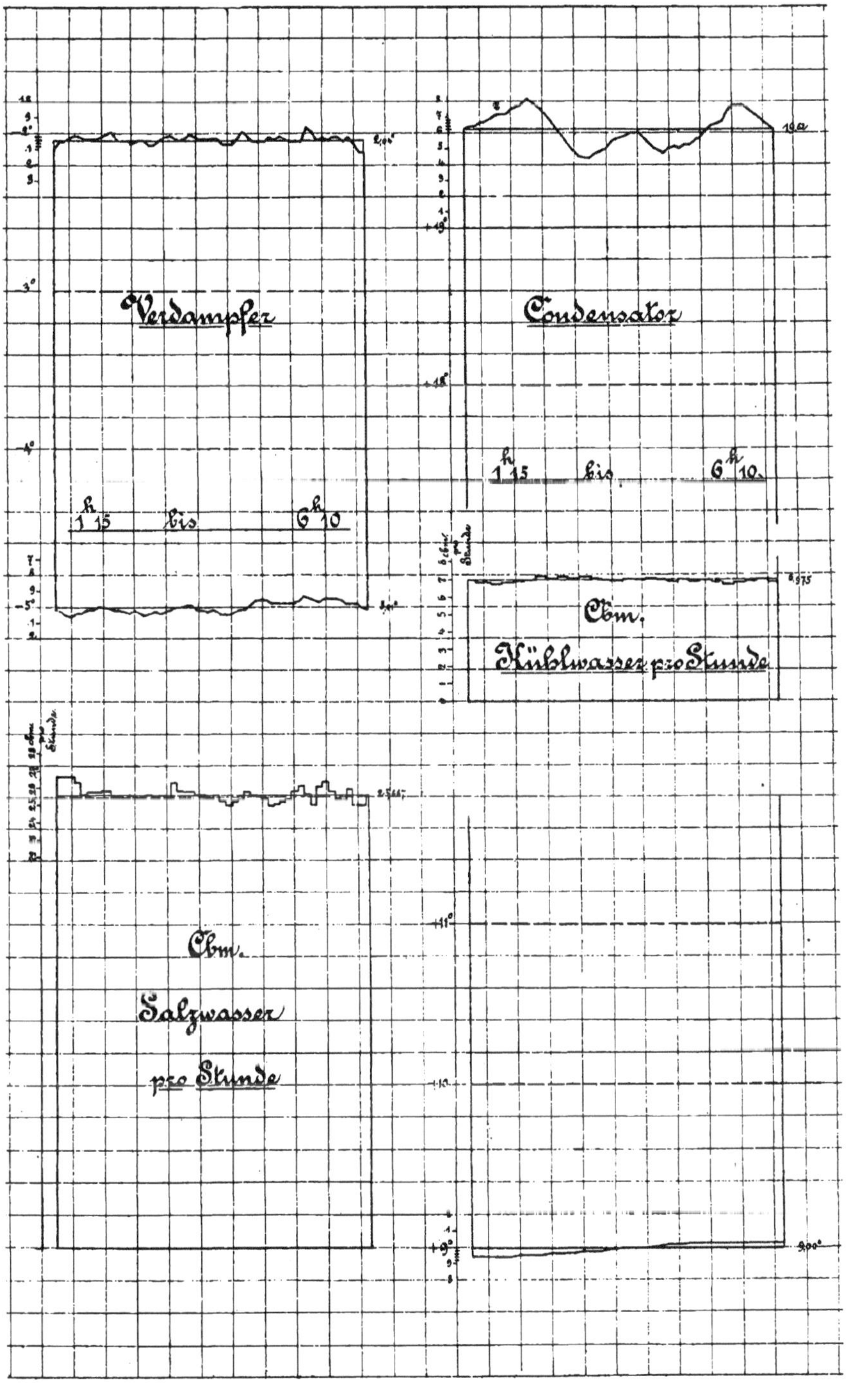

J. B. Obernetter, München.

Maschine Linde

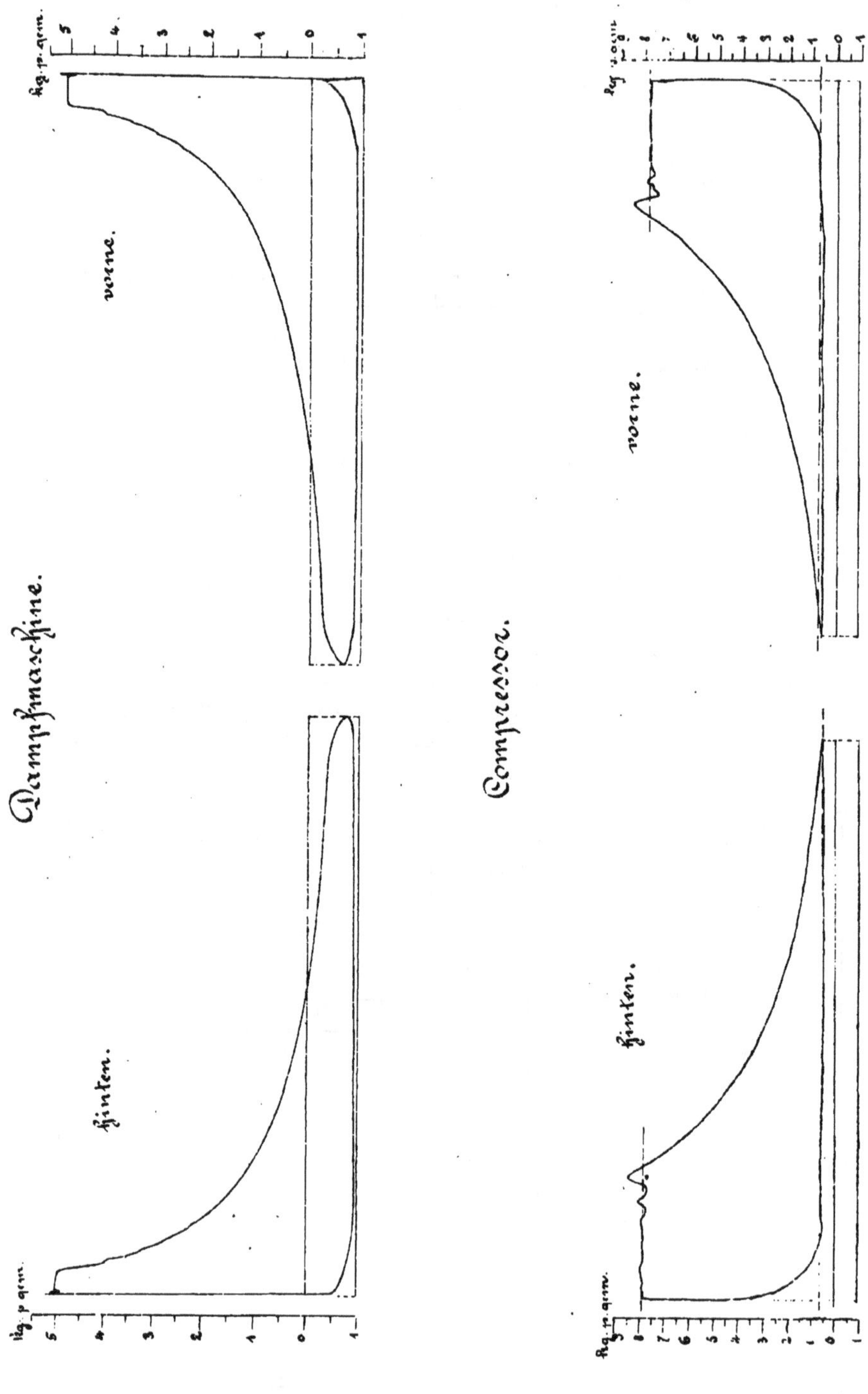

Versuch Nr. VIII.

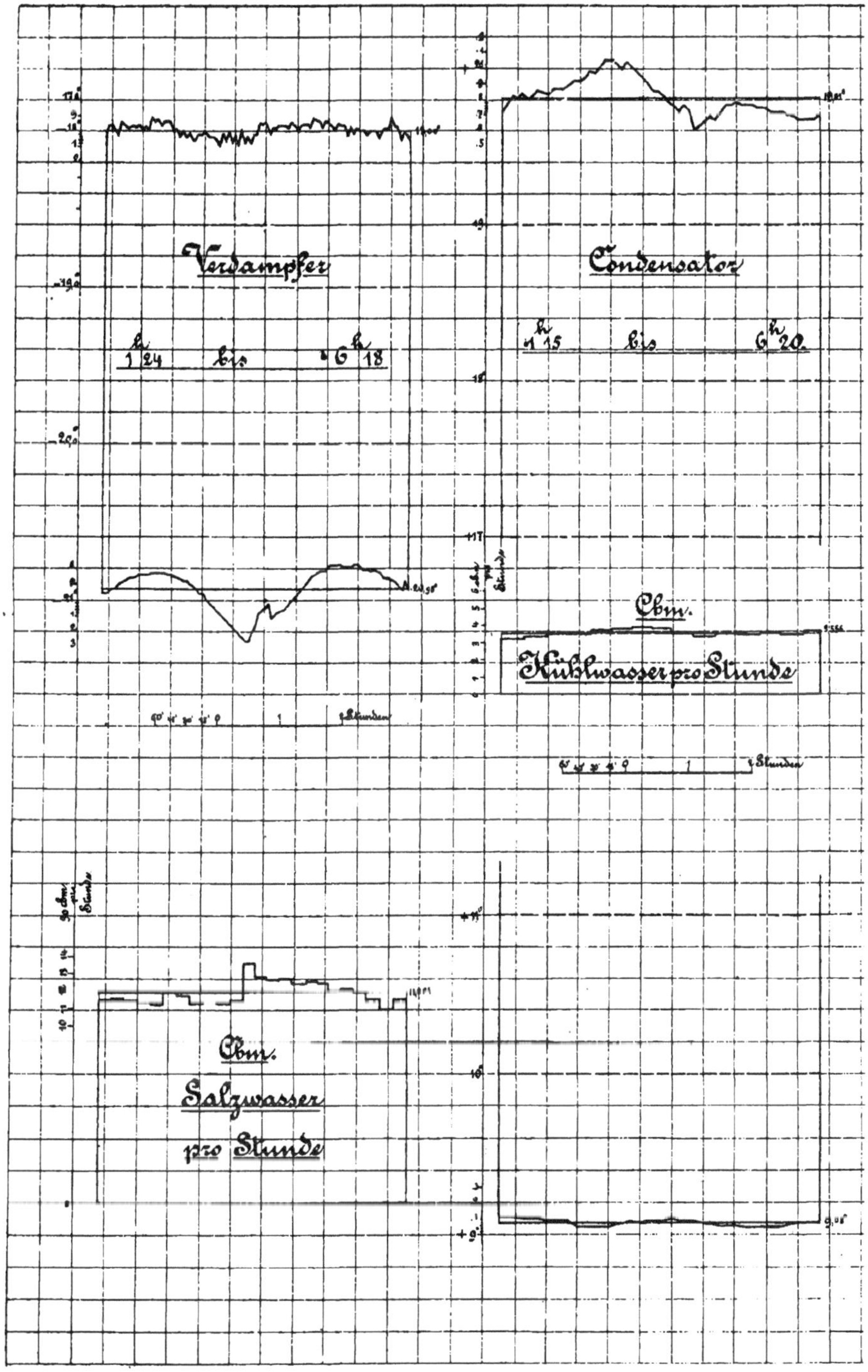

Maschine Linde

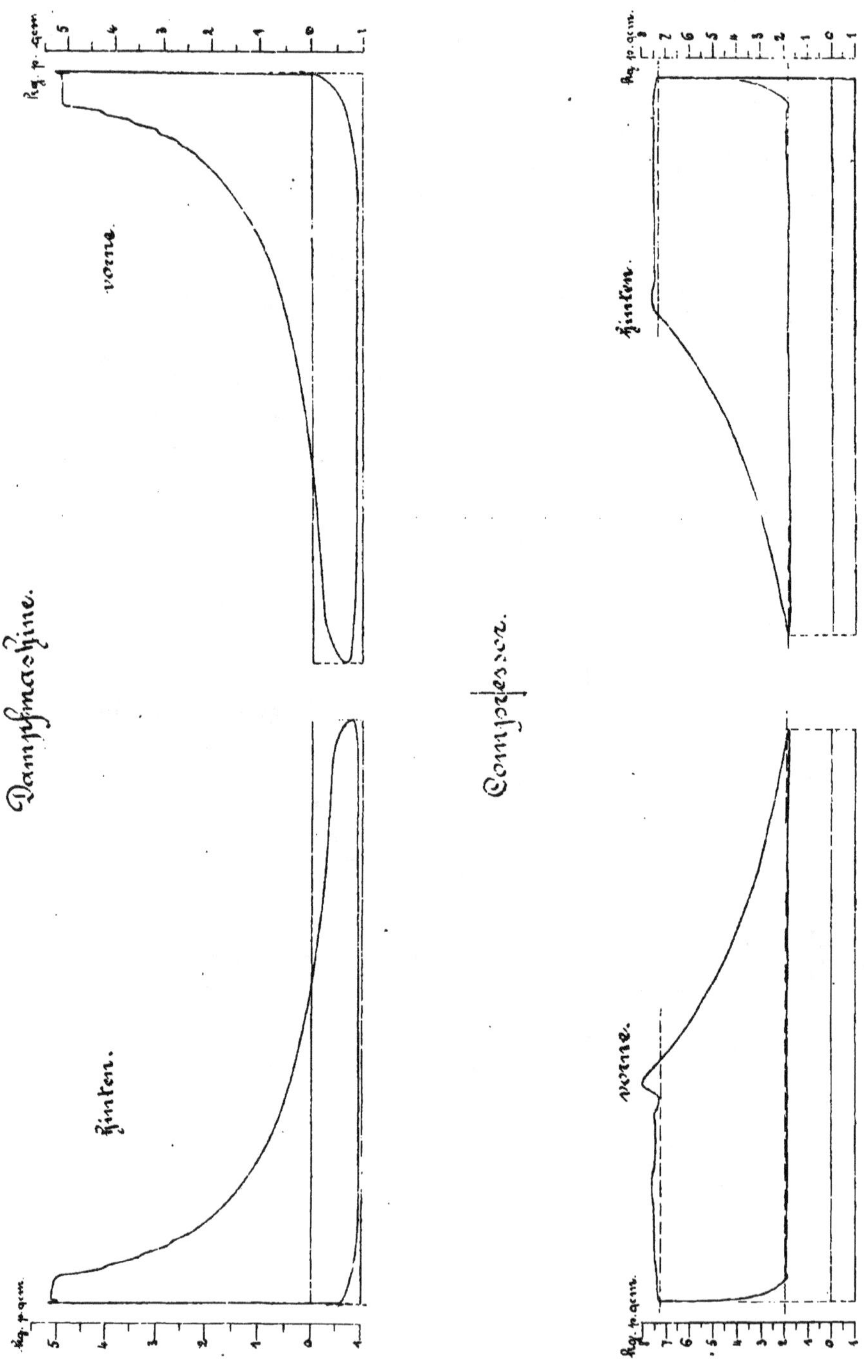

Versuch Nr. IX.

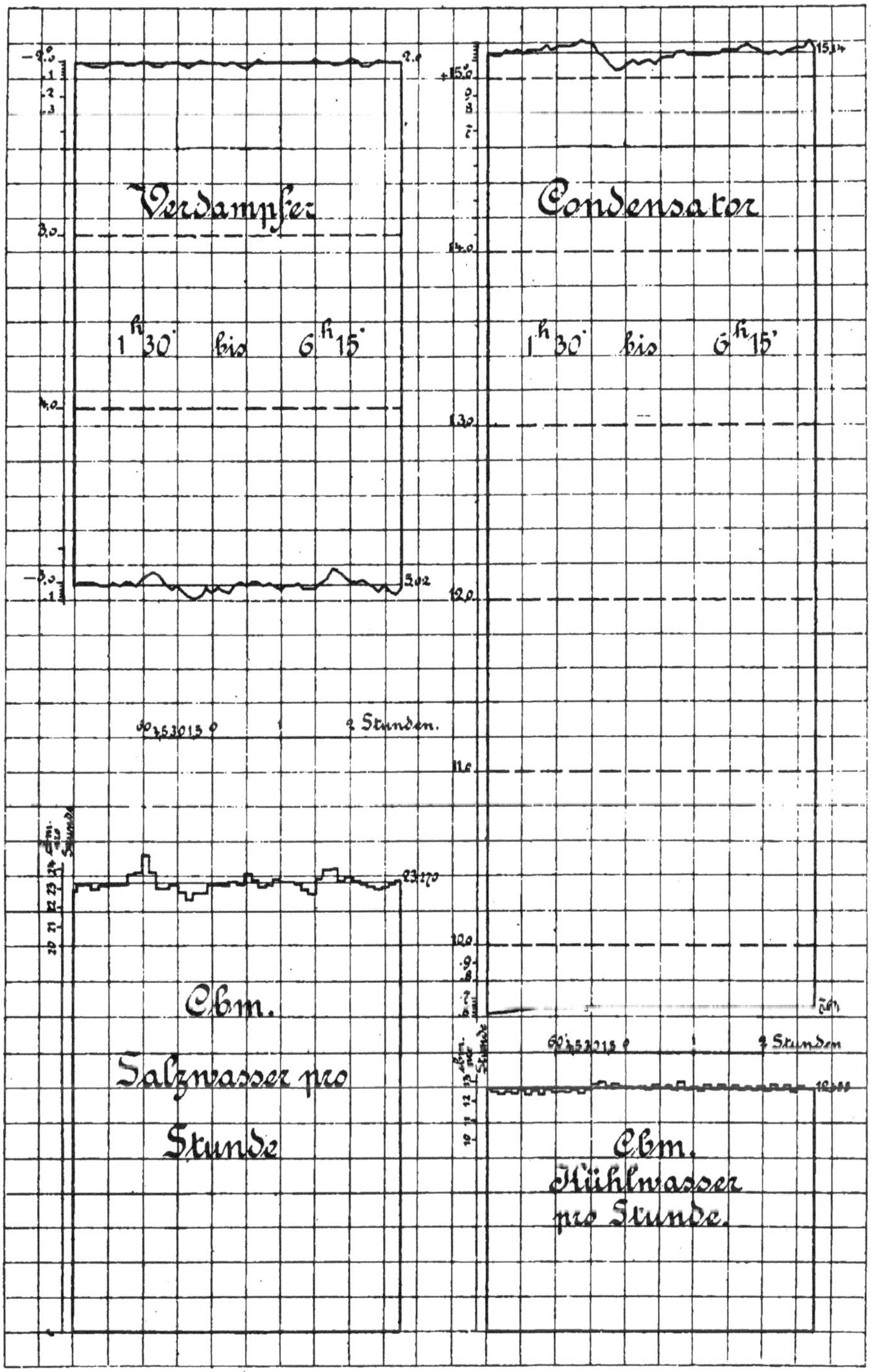

J. B. Obernetter, München.

Maschine Linde

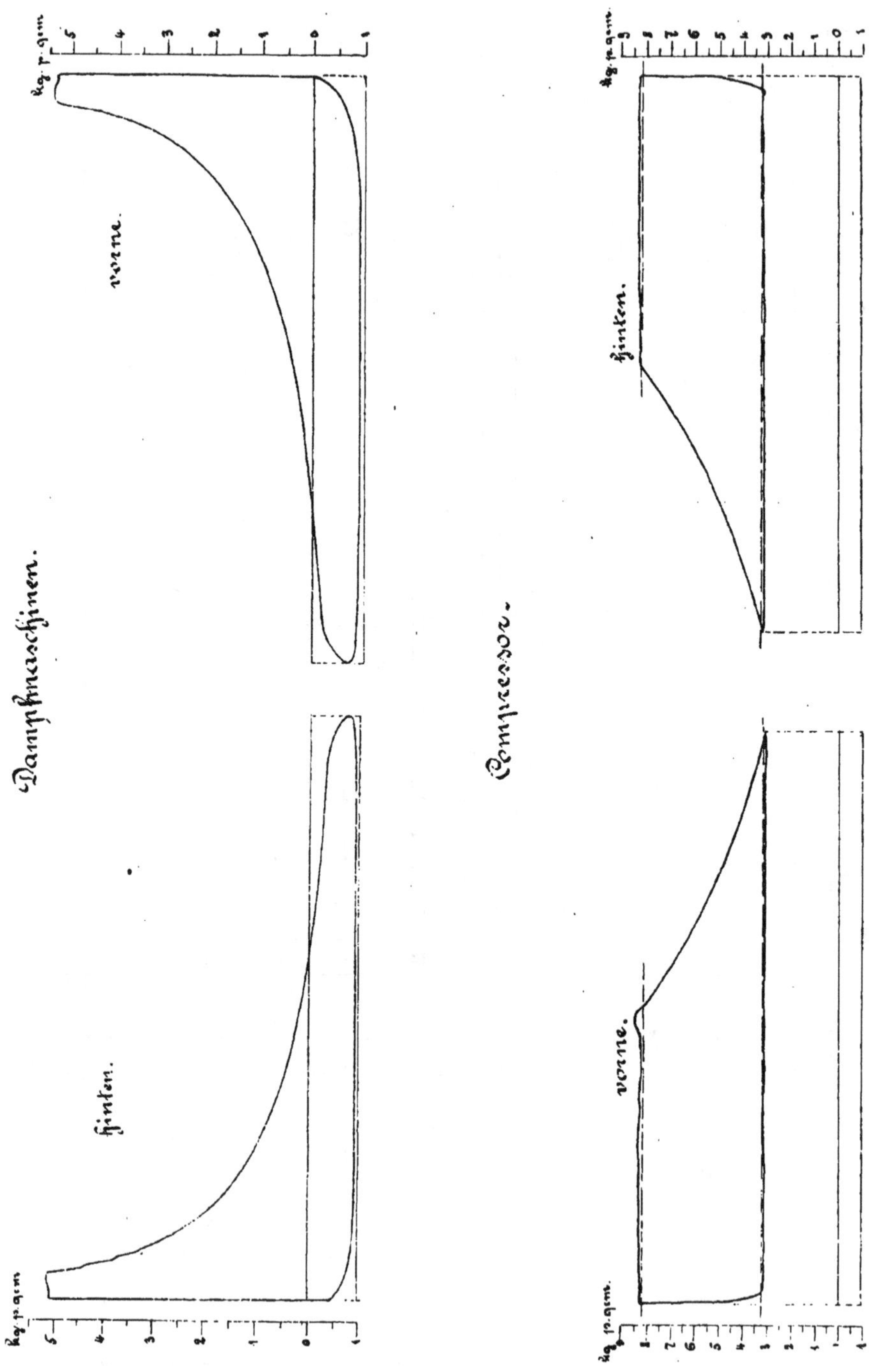

Versuch Nr. X.

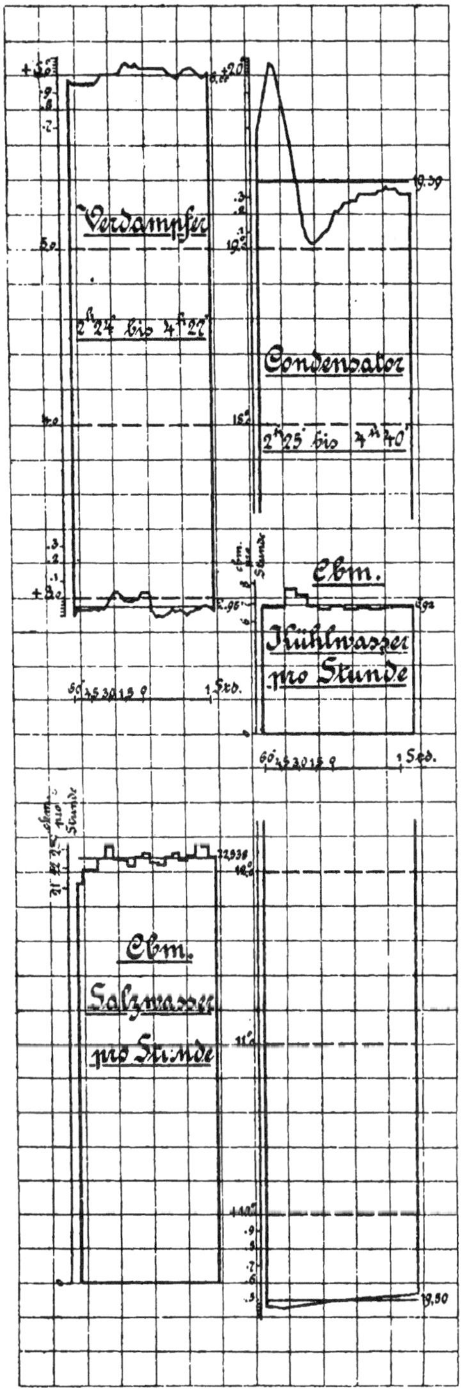

J. B. Obernetter, München.

Maschine Pictet

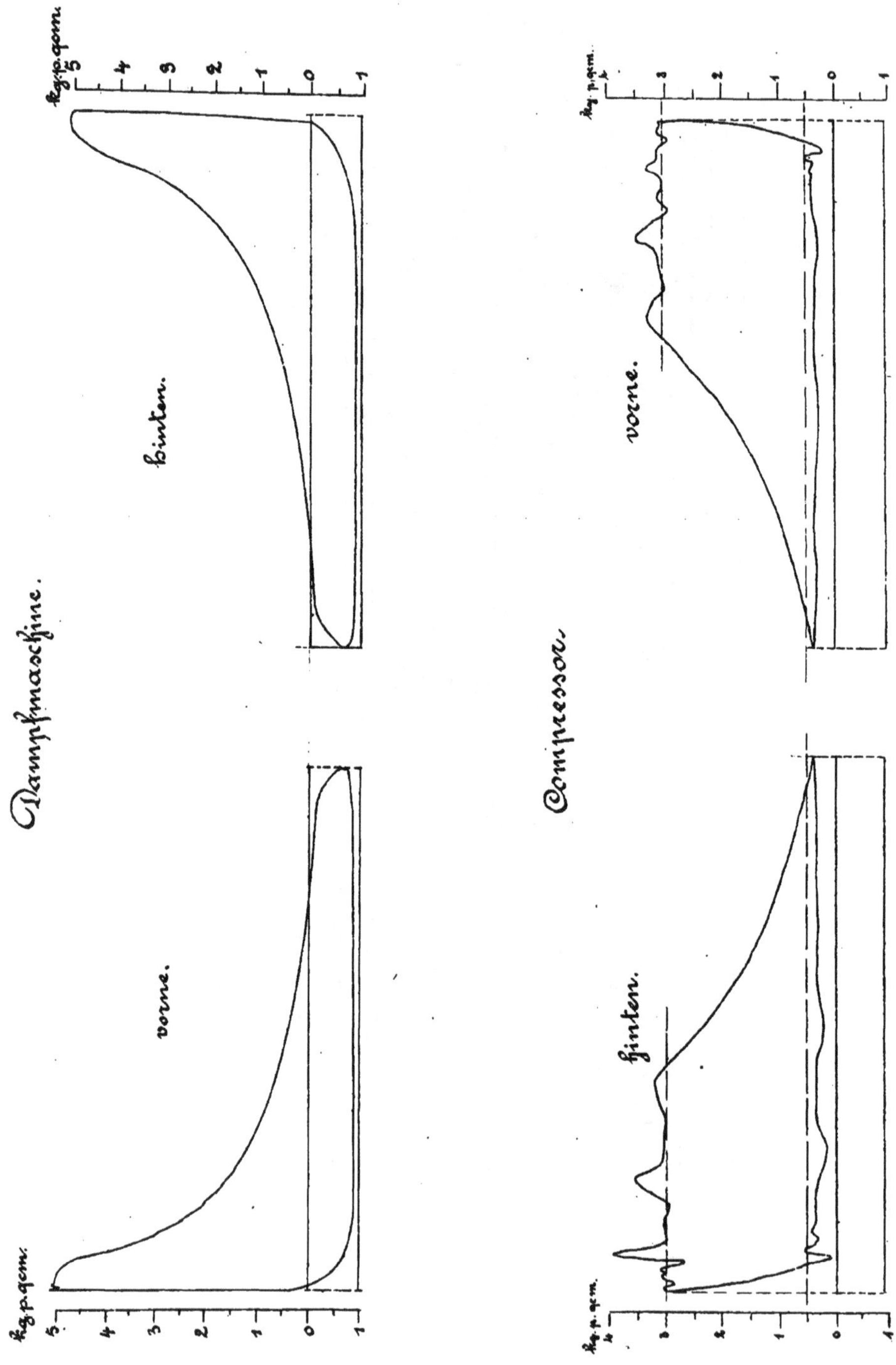

Tafel XI.

Versuch Nr. XI.

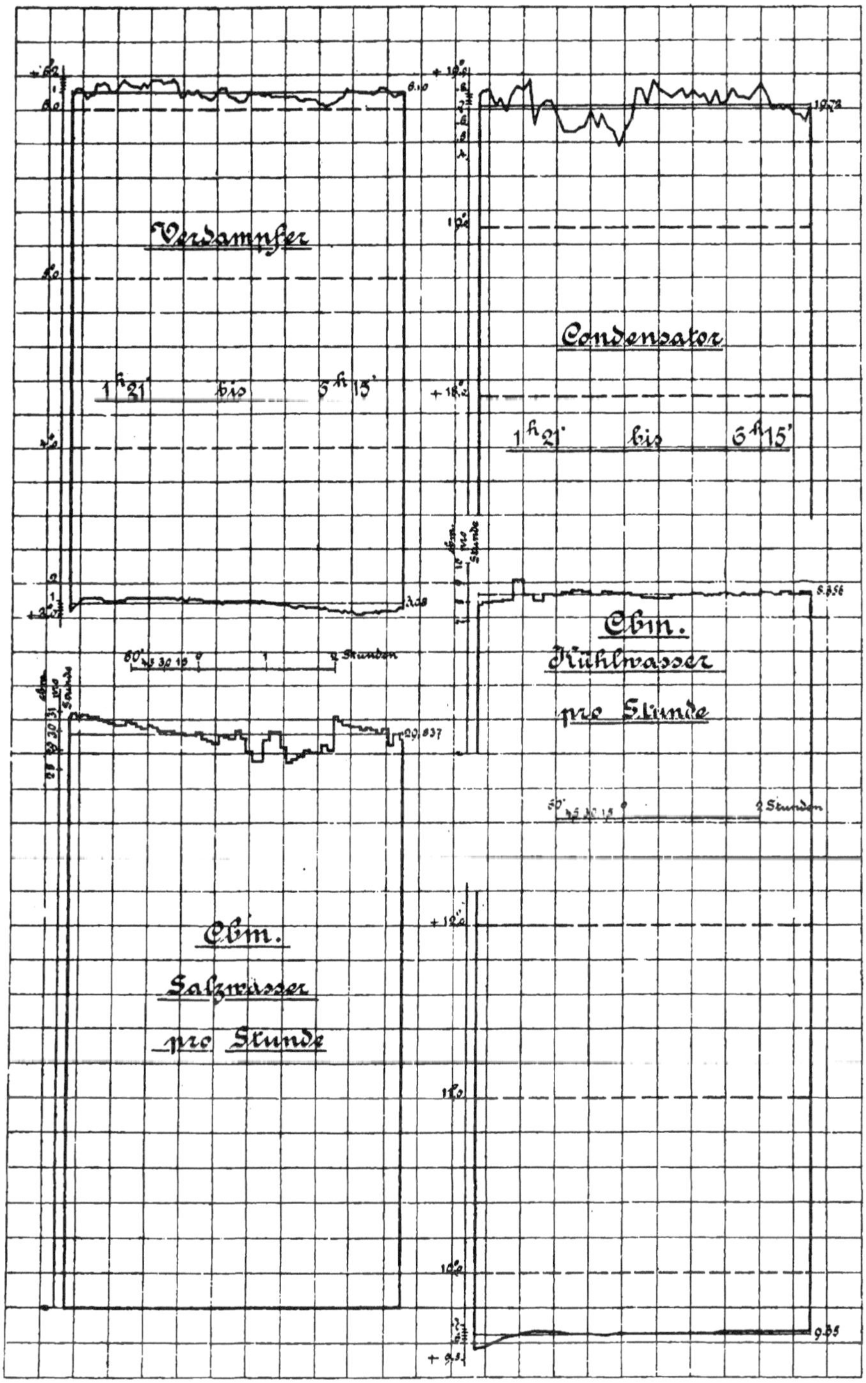

J. B. Obernetter, München.

Maschine Pictet

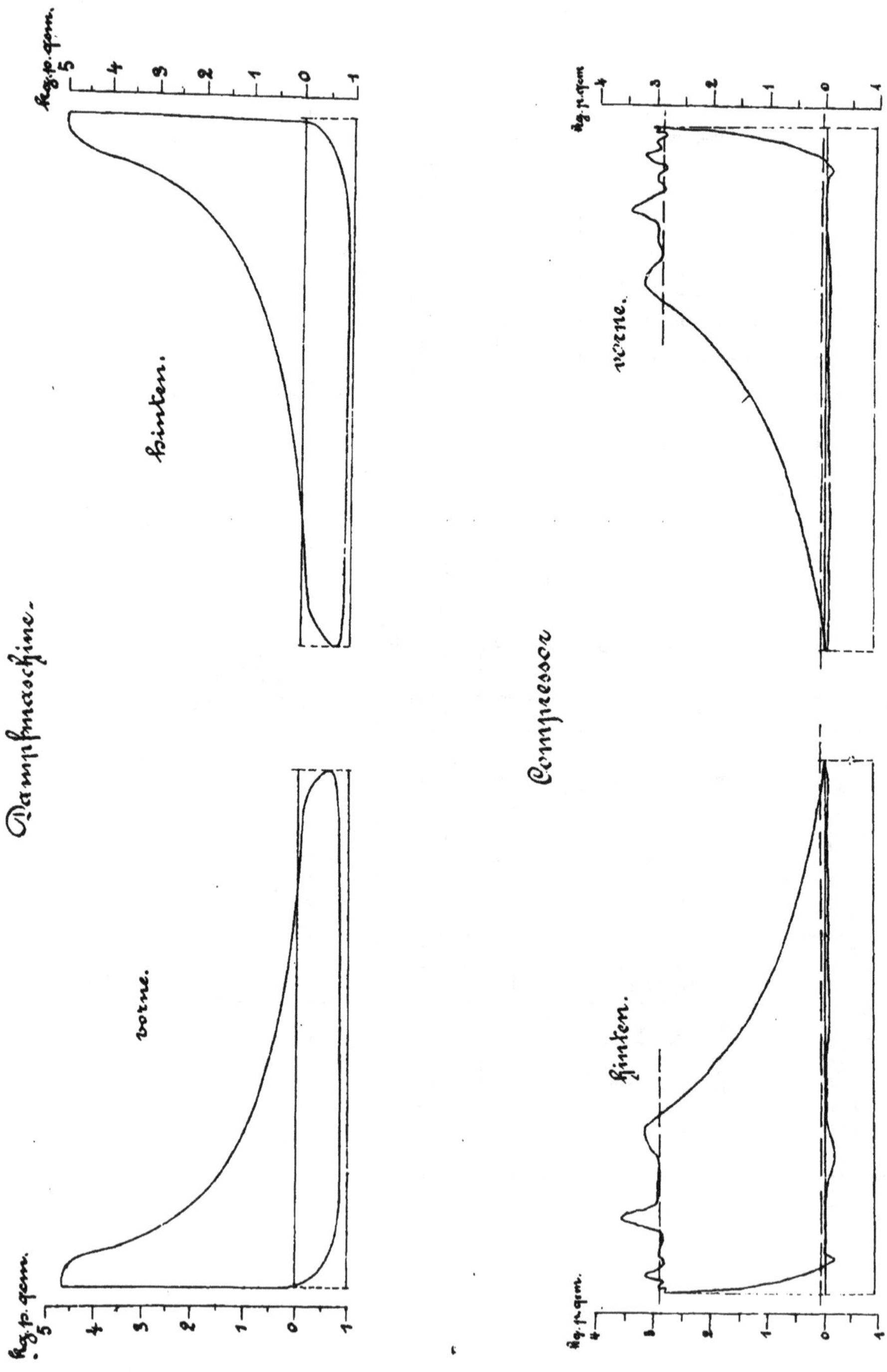

Tafel XII.

Versuch Nr. XII.

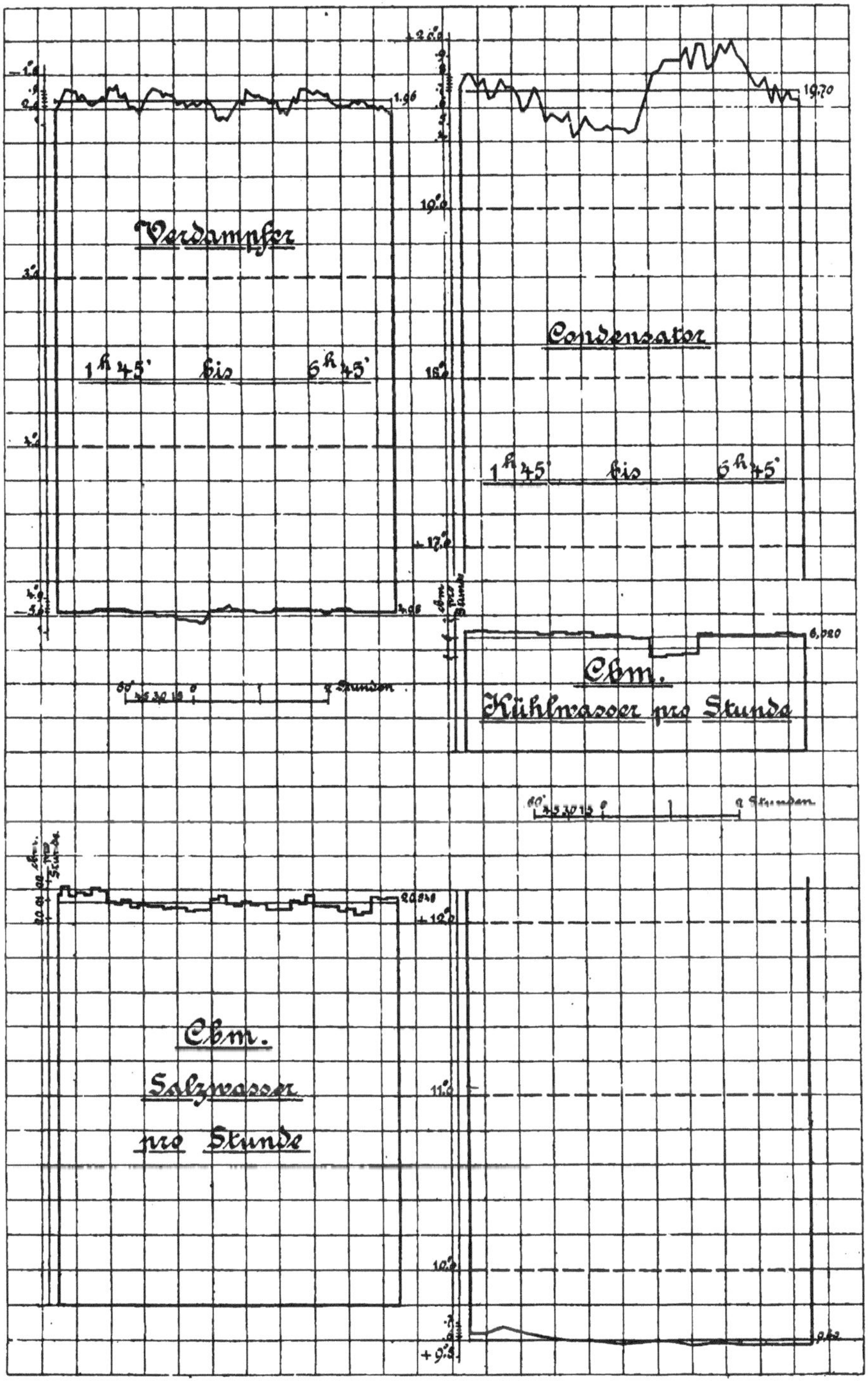

J. B. Obernetter, München.

Maschine Pictet

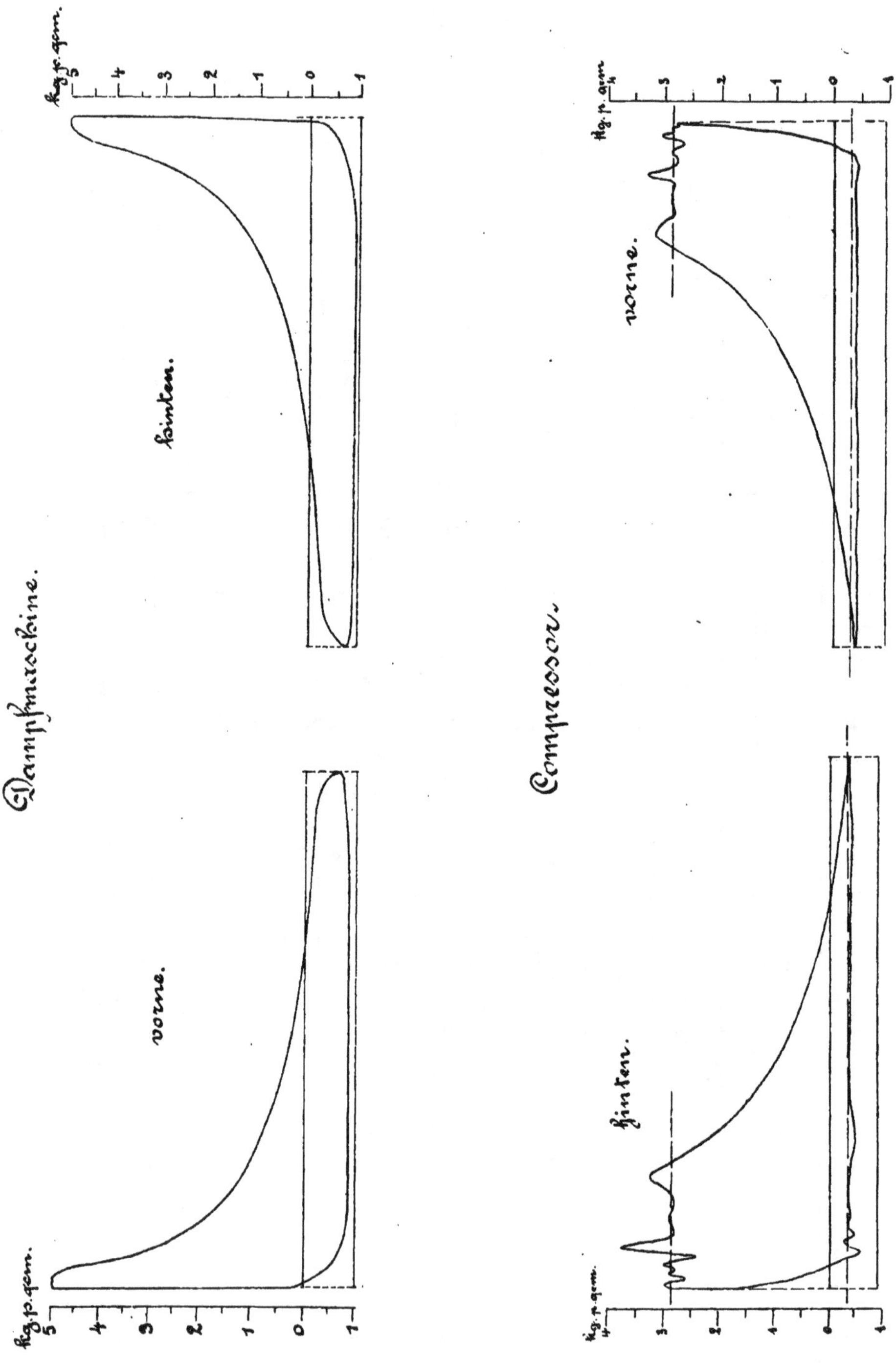

Versuch Nr. XIII.

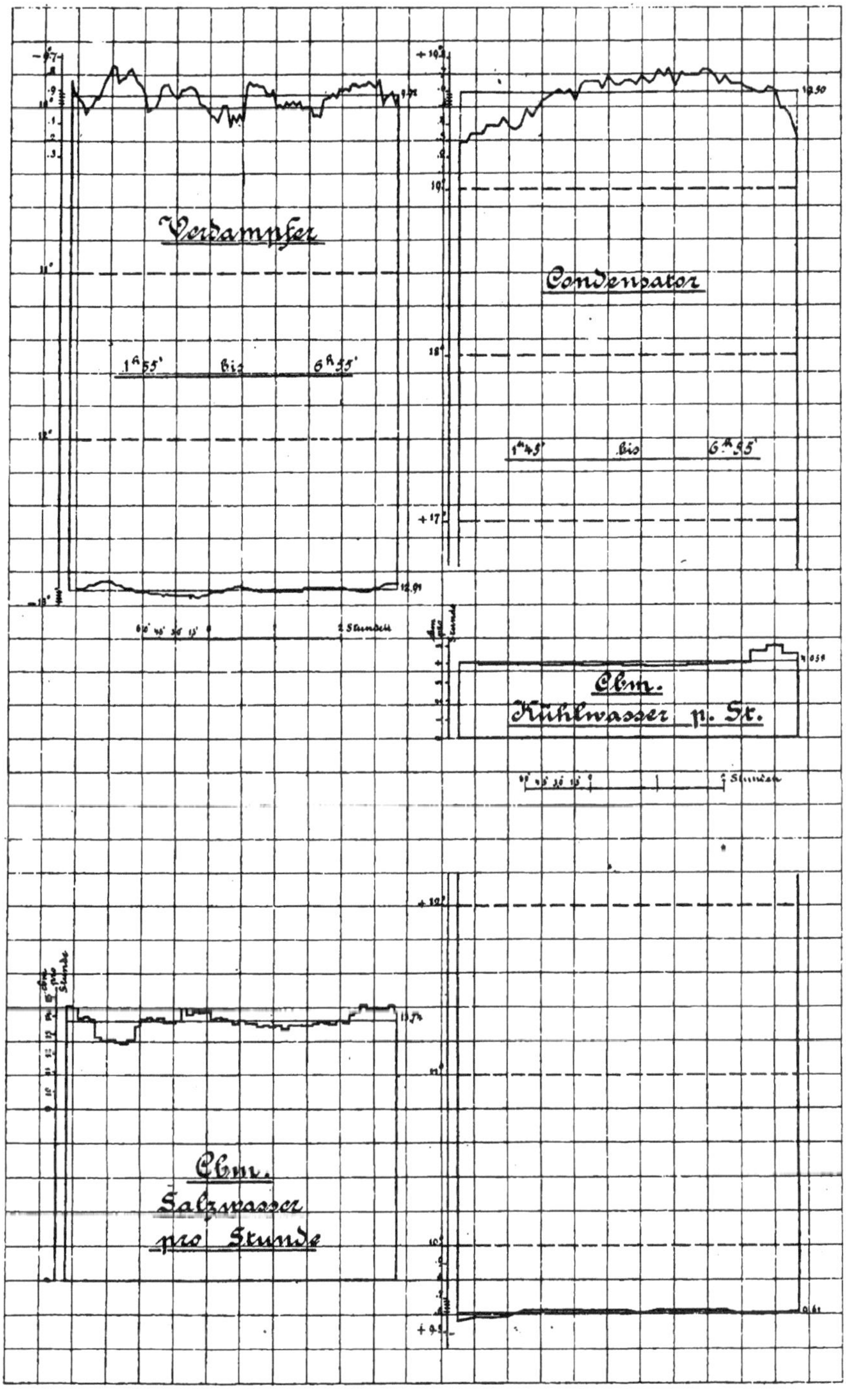

J. B. Obernetter, München.

Maschine Pictet

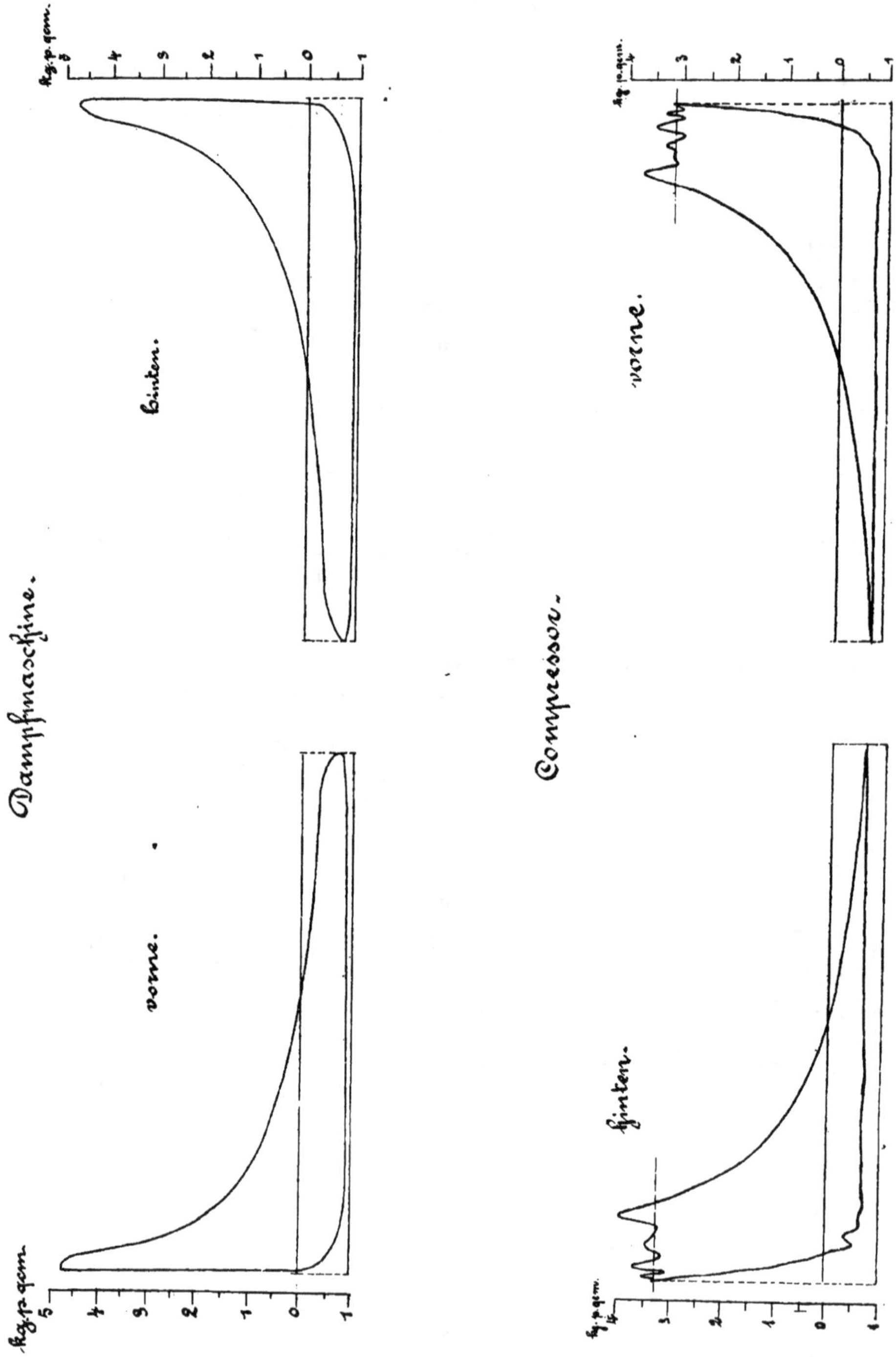

Versuch Nr. XIV.

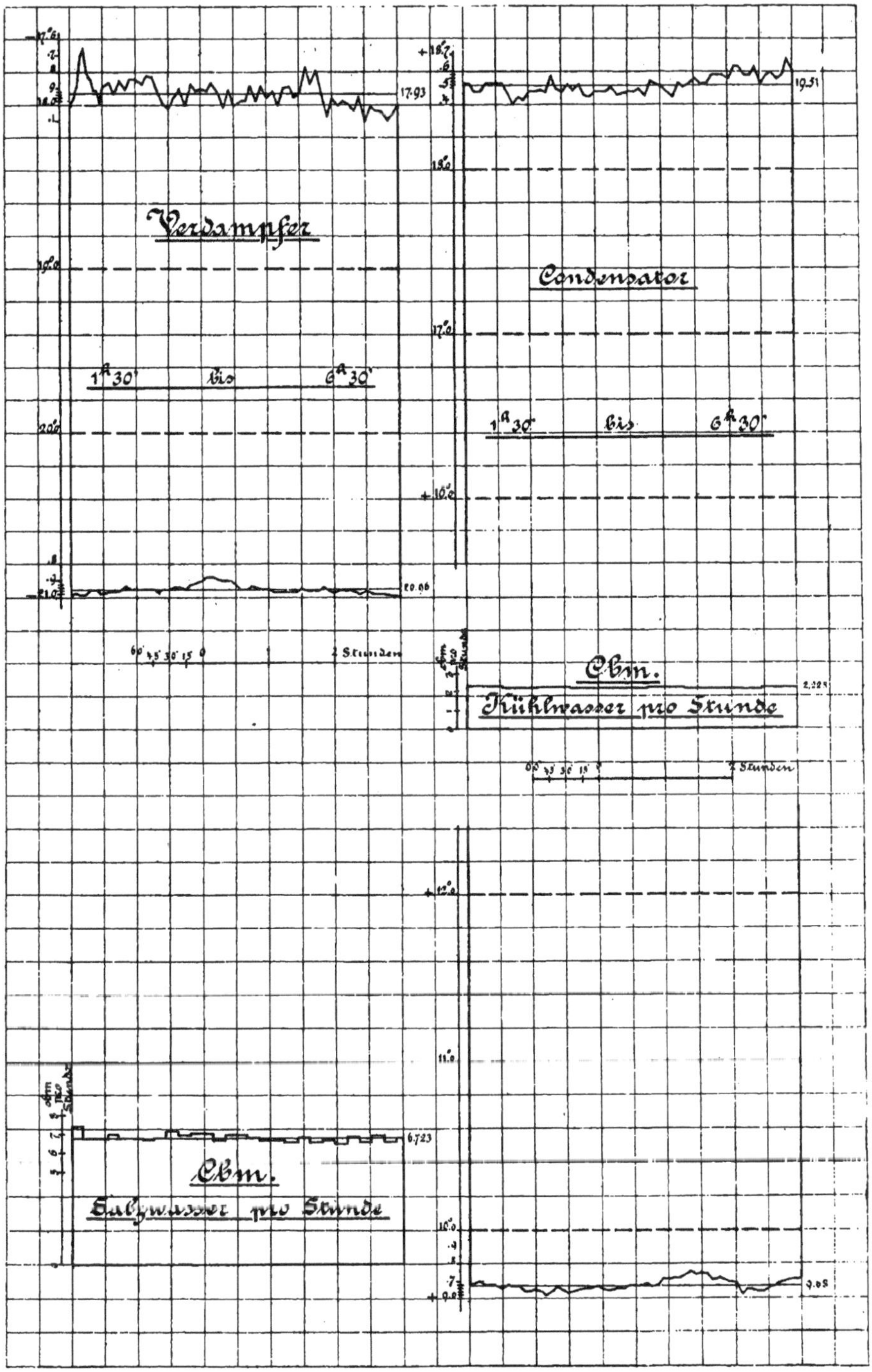

J. B. Obernetter, München.

Maschine Pictet

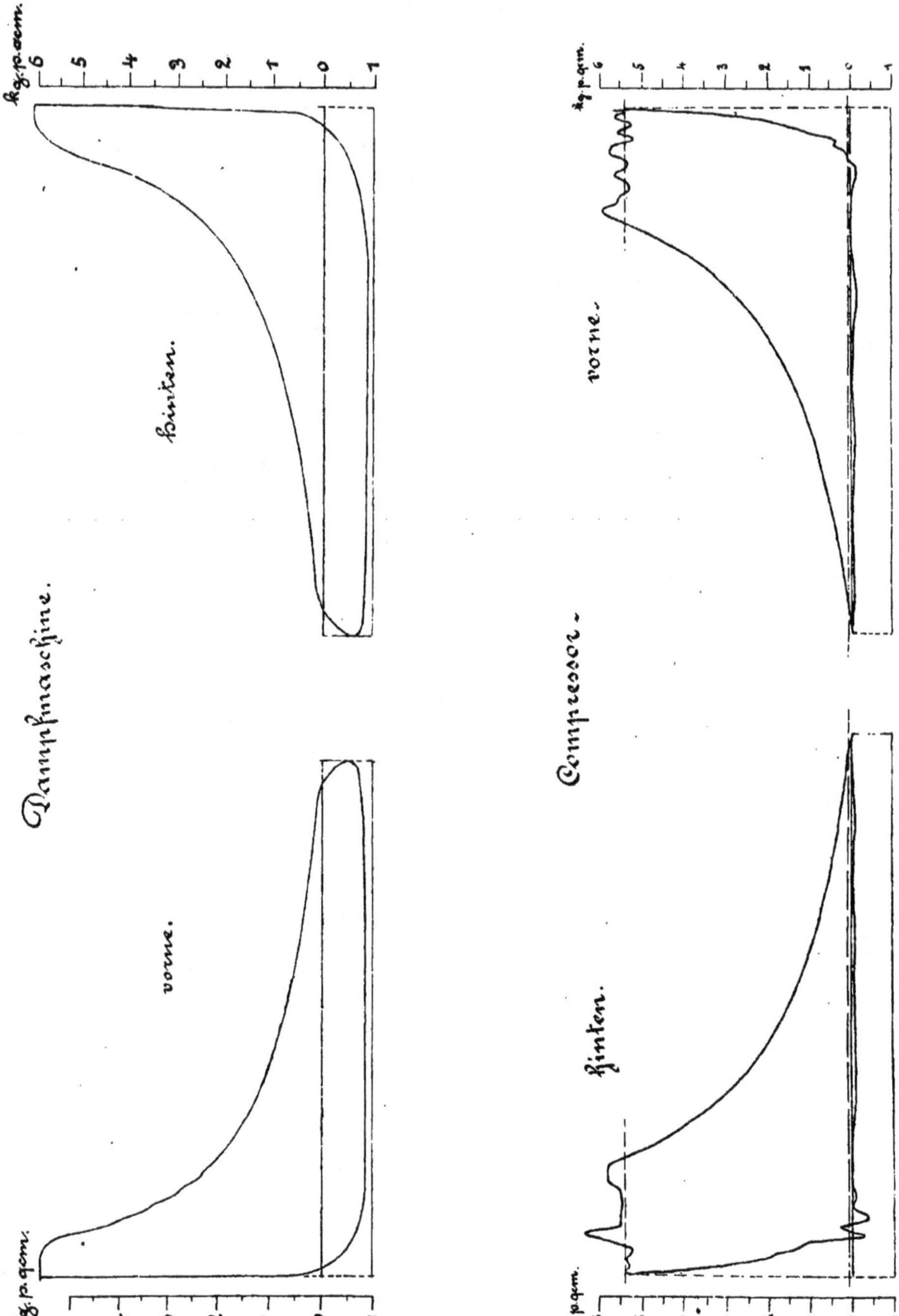

Versuch Nr. XV.

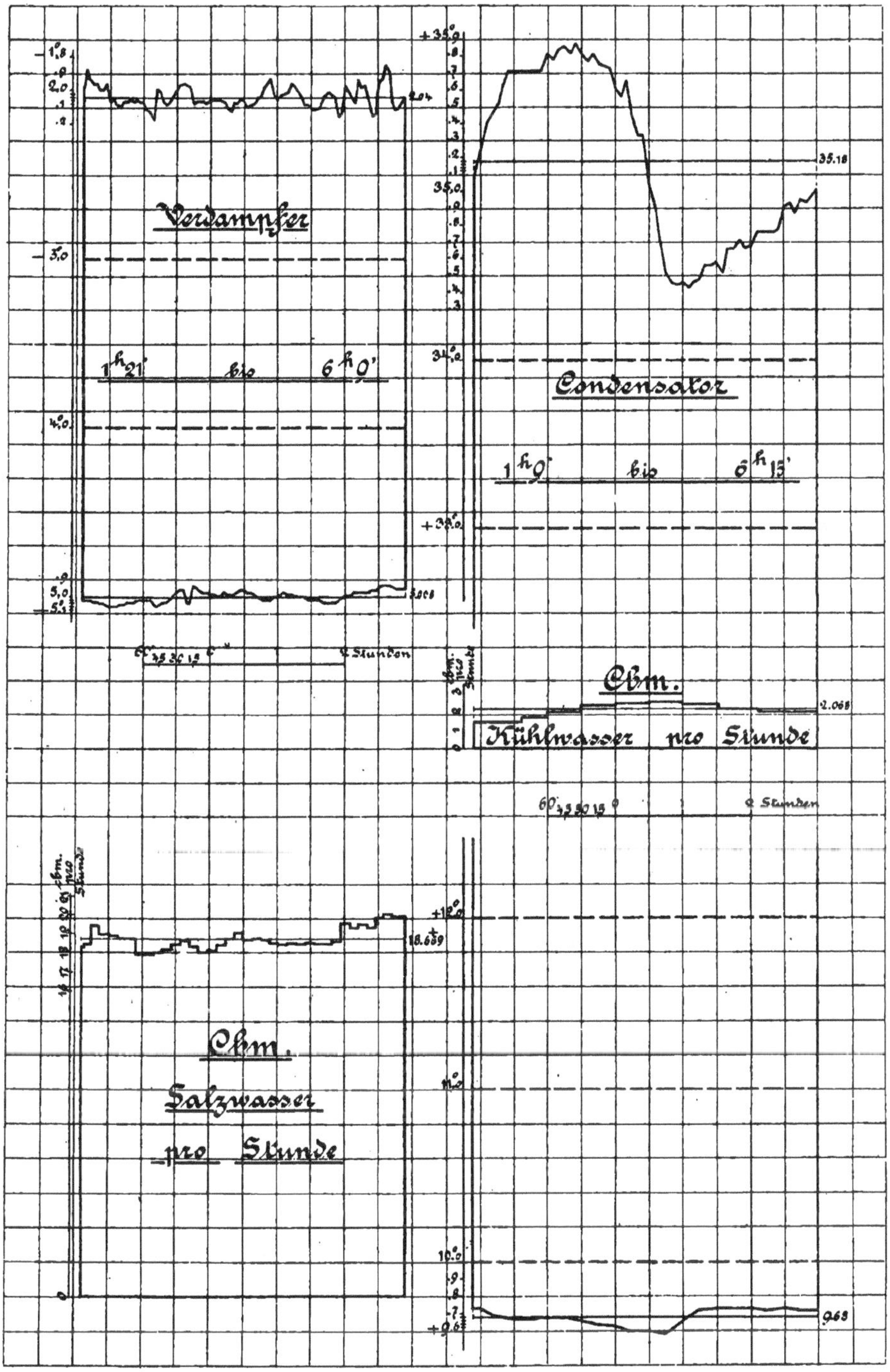

J. B. Obernetter, München.

Maschine Pictet

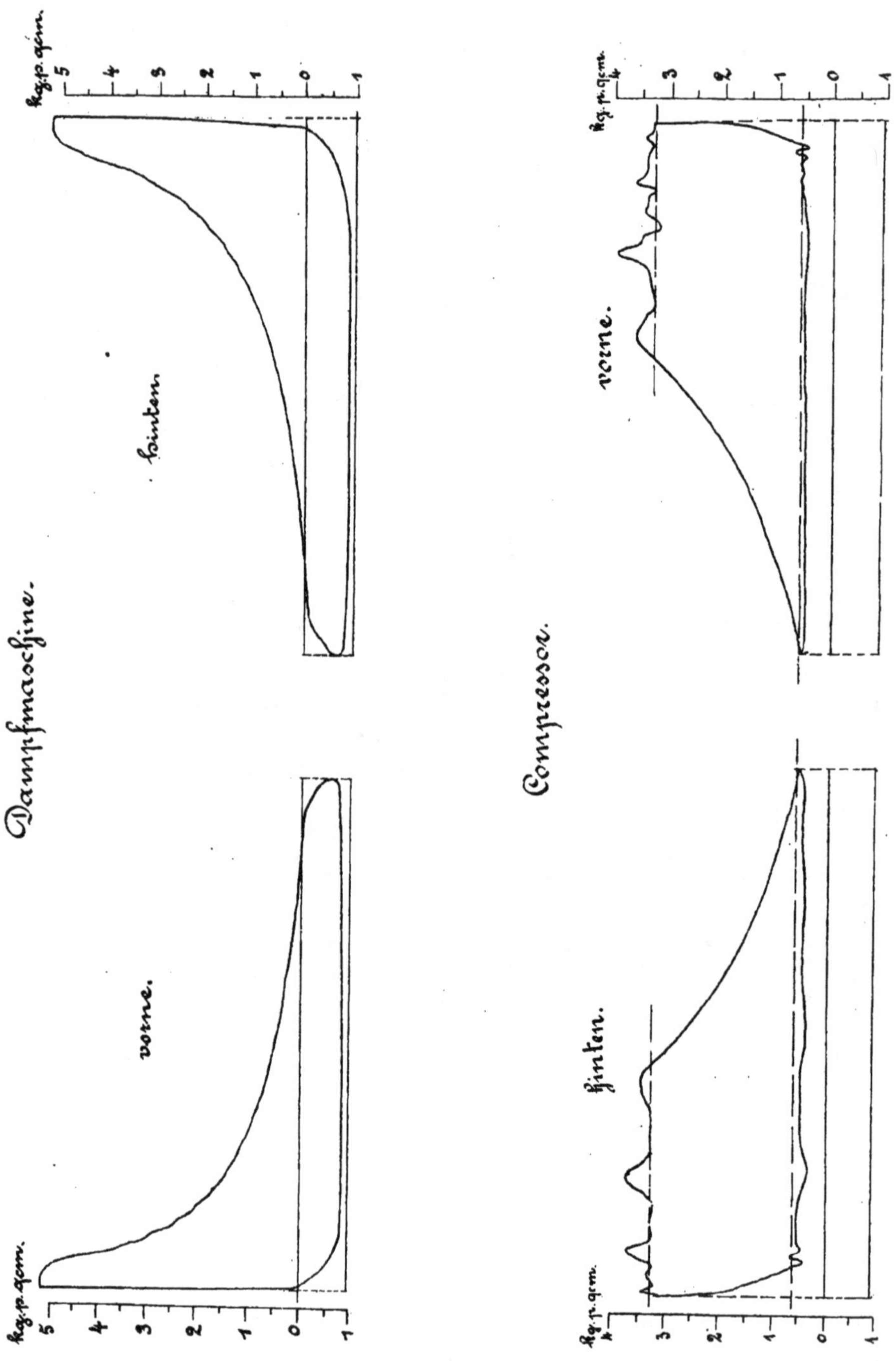

Versuch Nr. XVI.

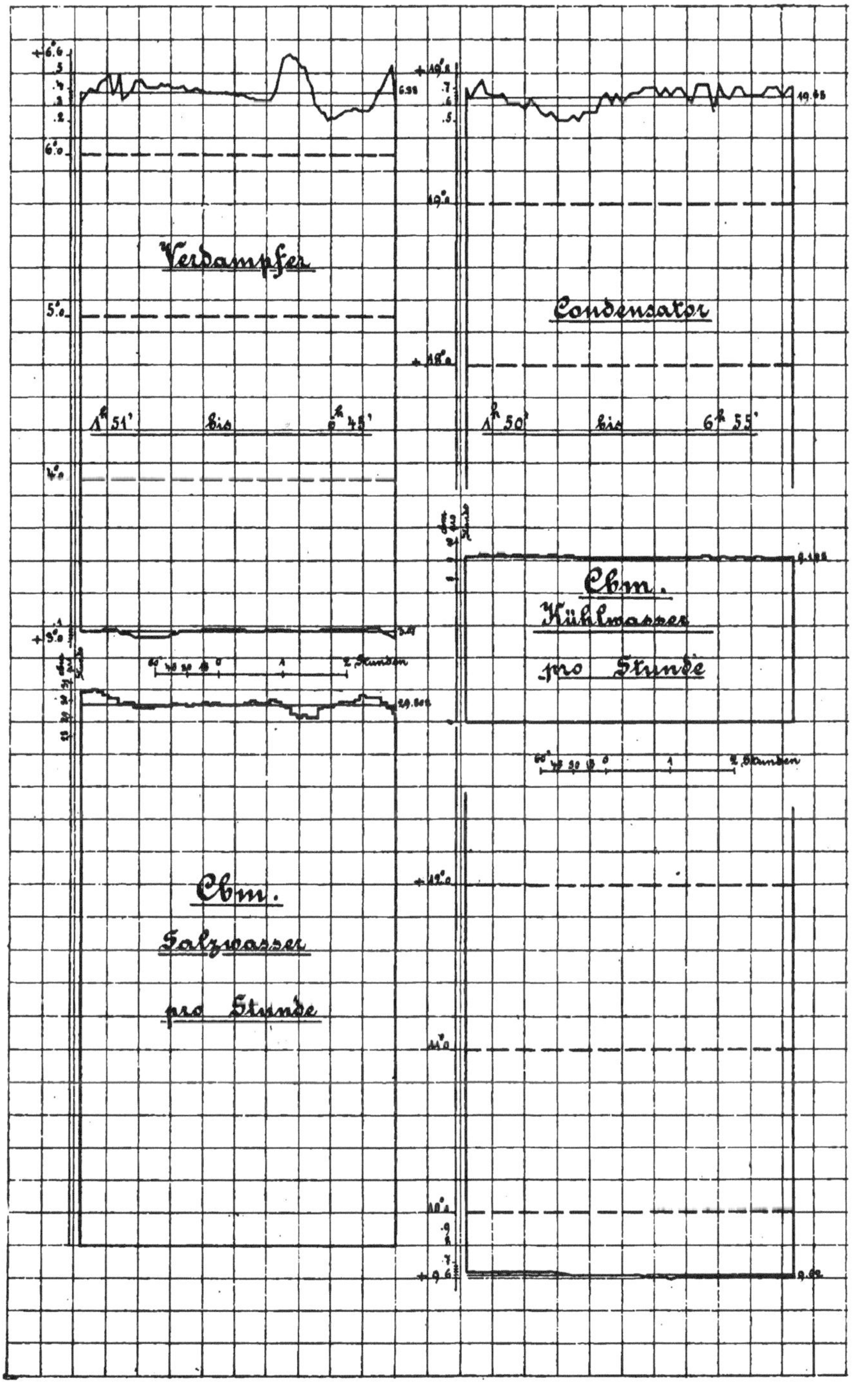

J. B. Obernetter, München.

Maschine Pictet

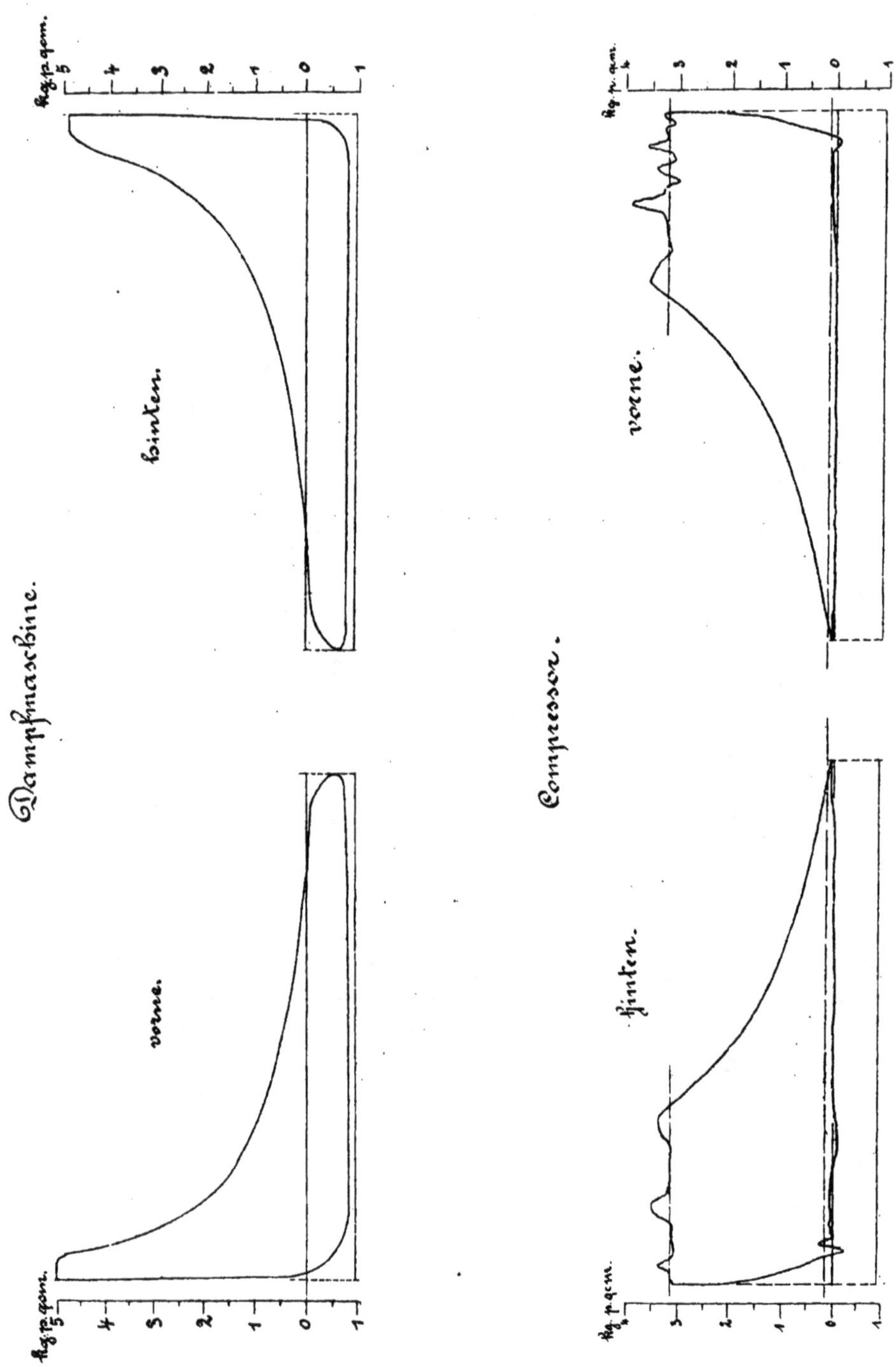

Versuch Nr. XVII.

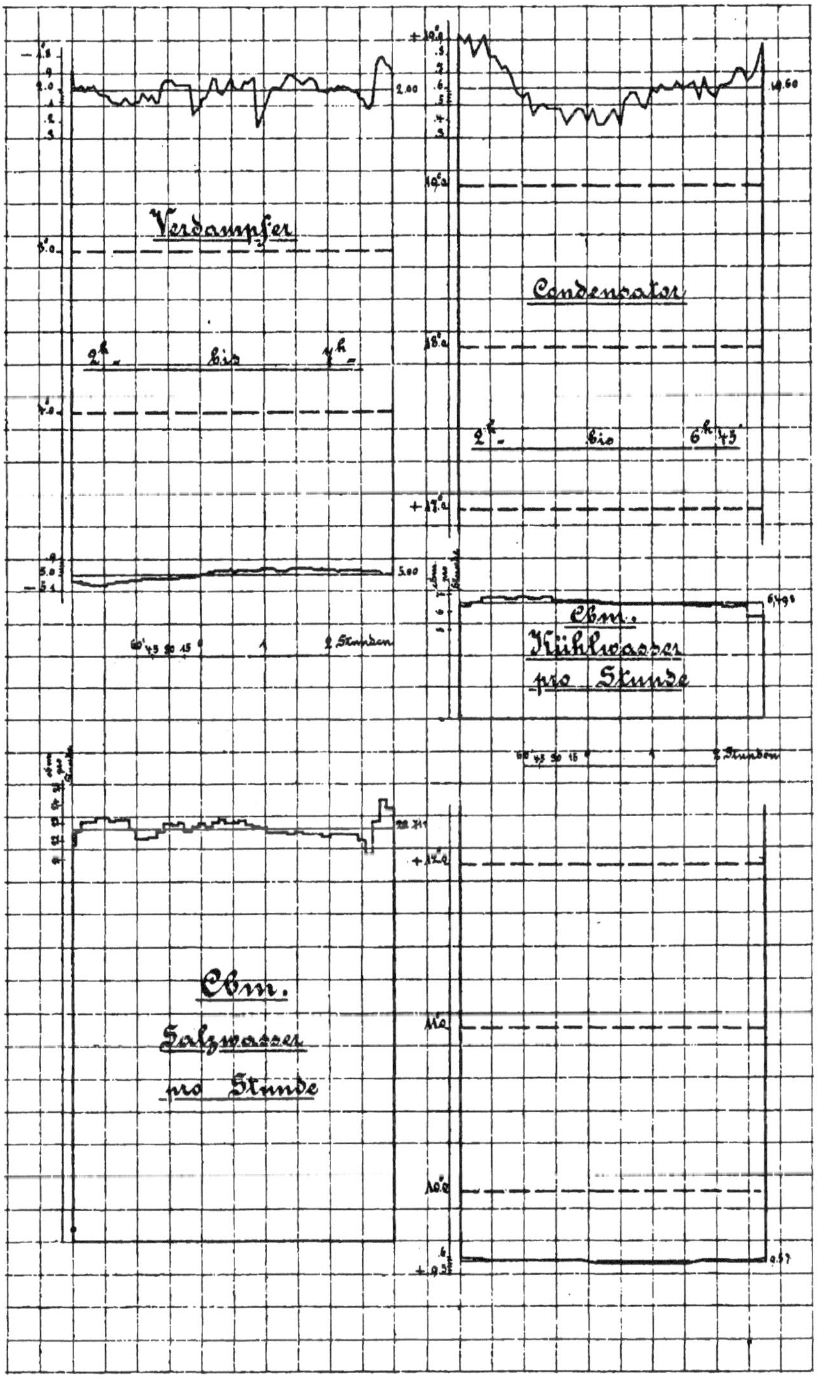

J. B. Obernetter, München.

Maschine Pictet

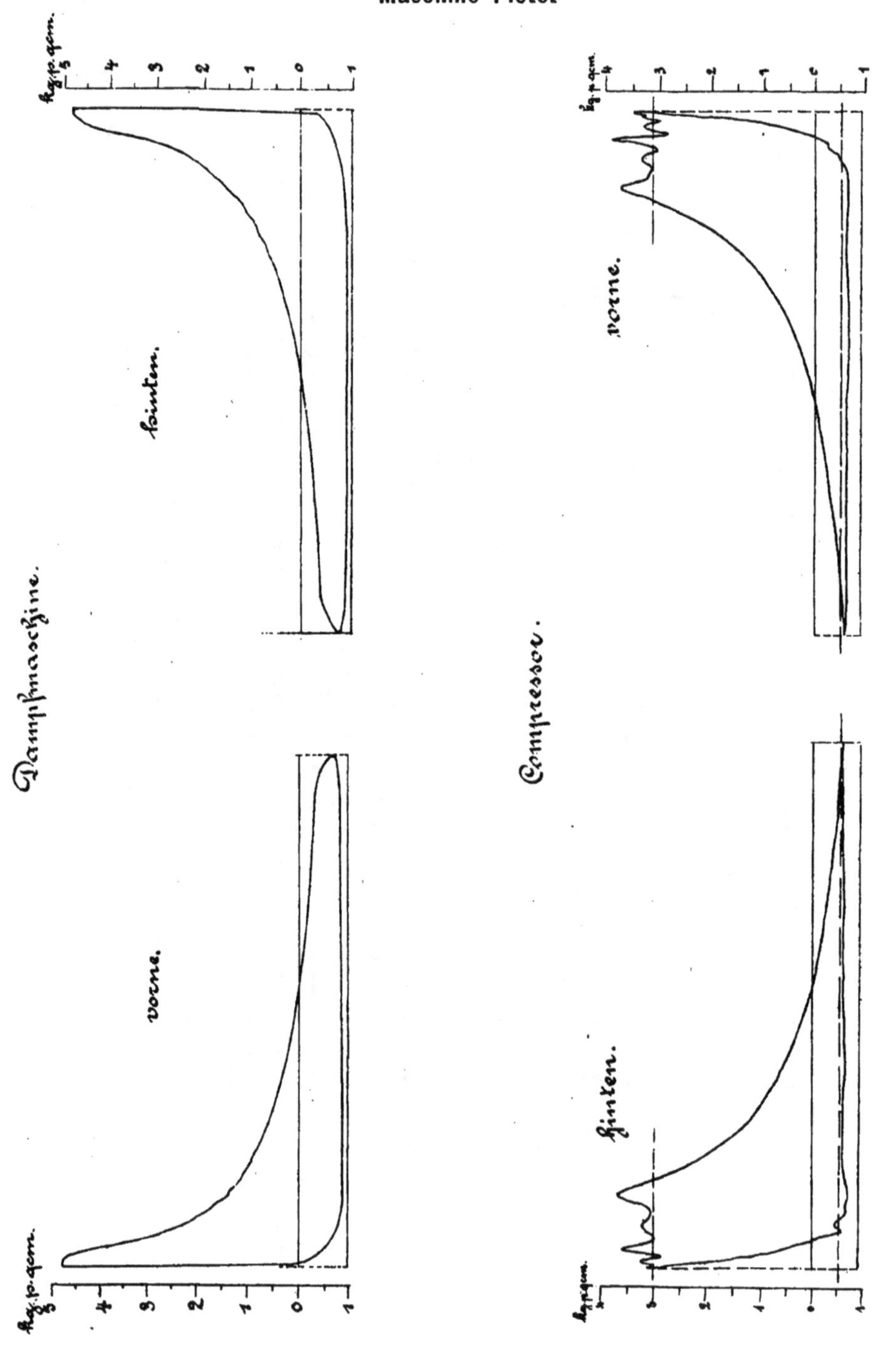

Versuch Nr. XVIII.

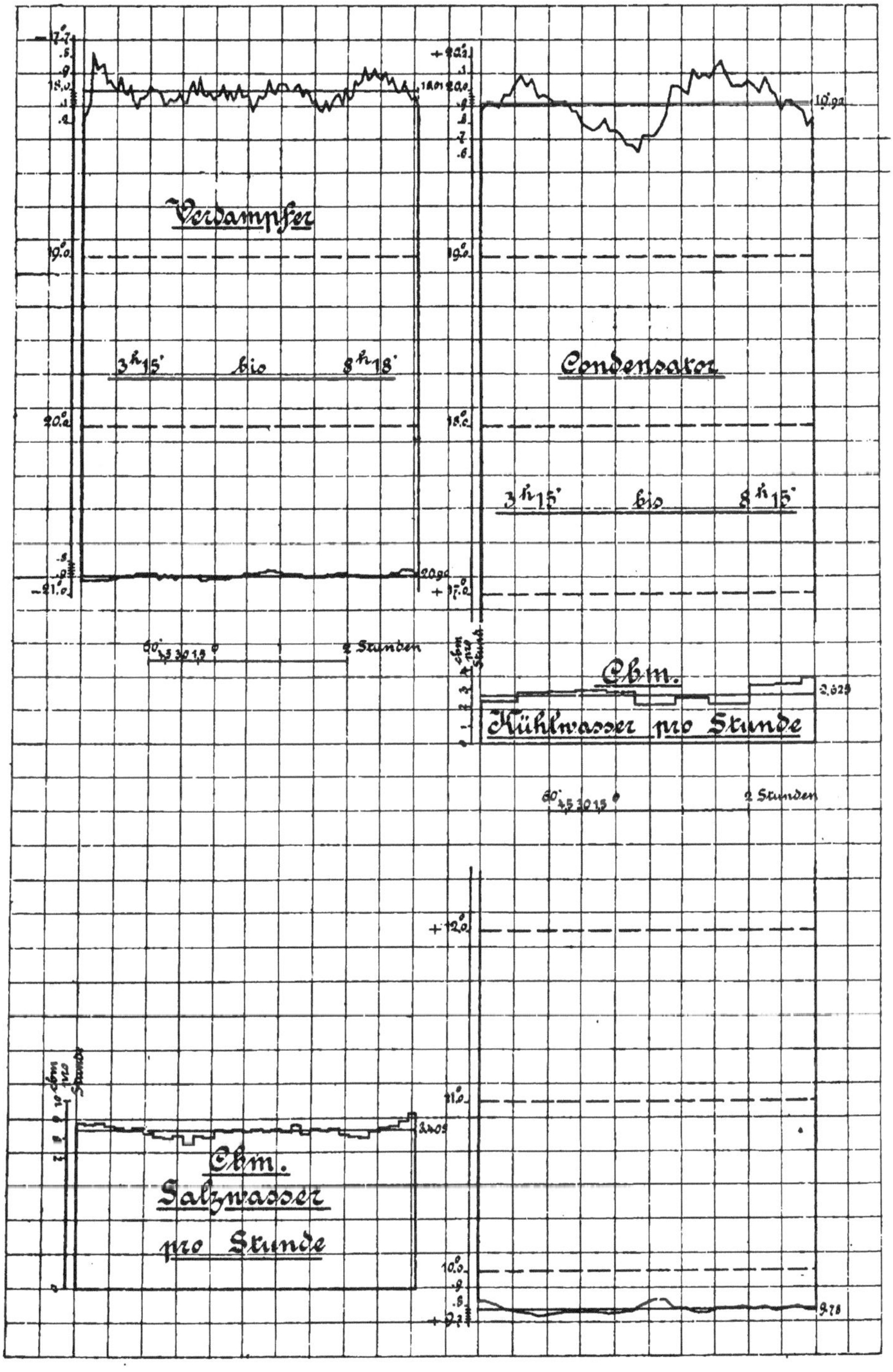

J. B. Obernetter, München.

Maschine Pictet

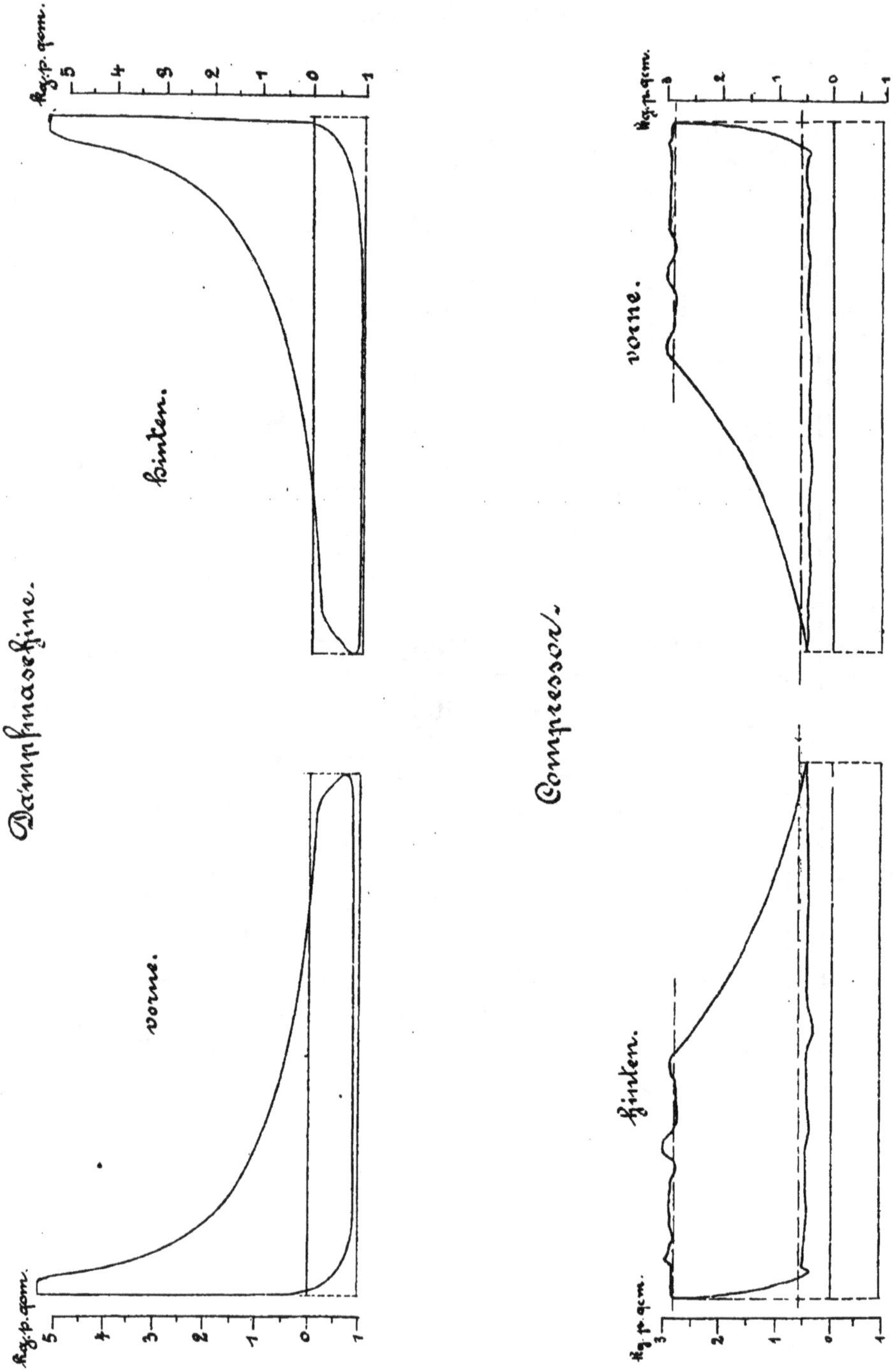

Versuch Nr. XIX.

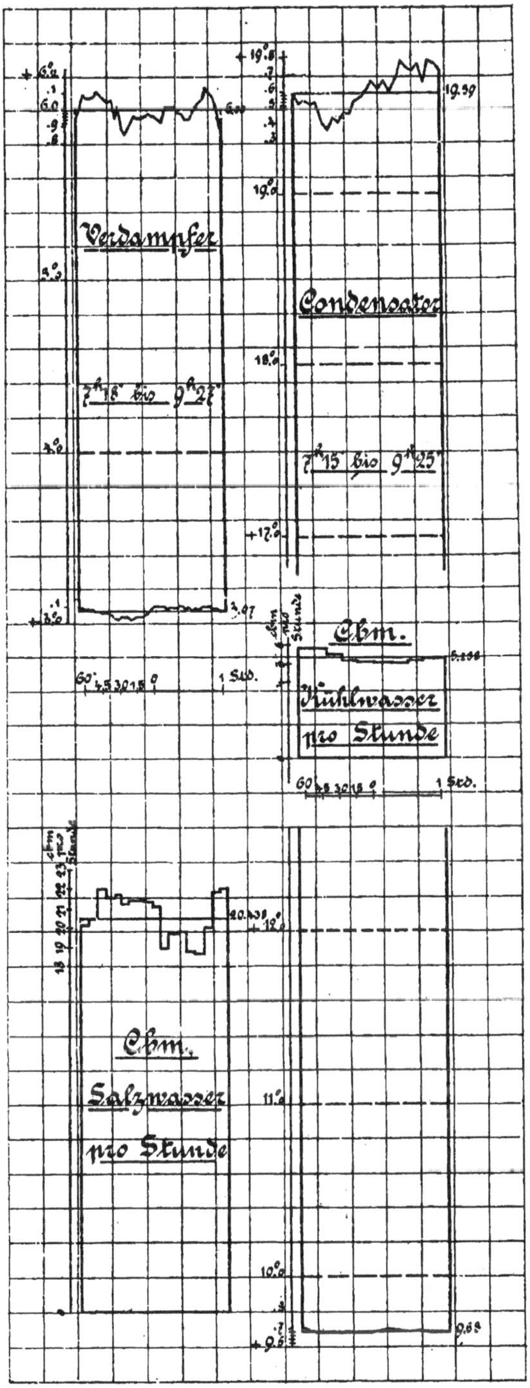

J. B. Obernetter, München.

Maschine Pictet

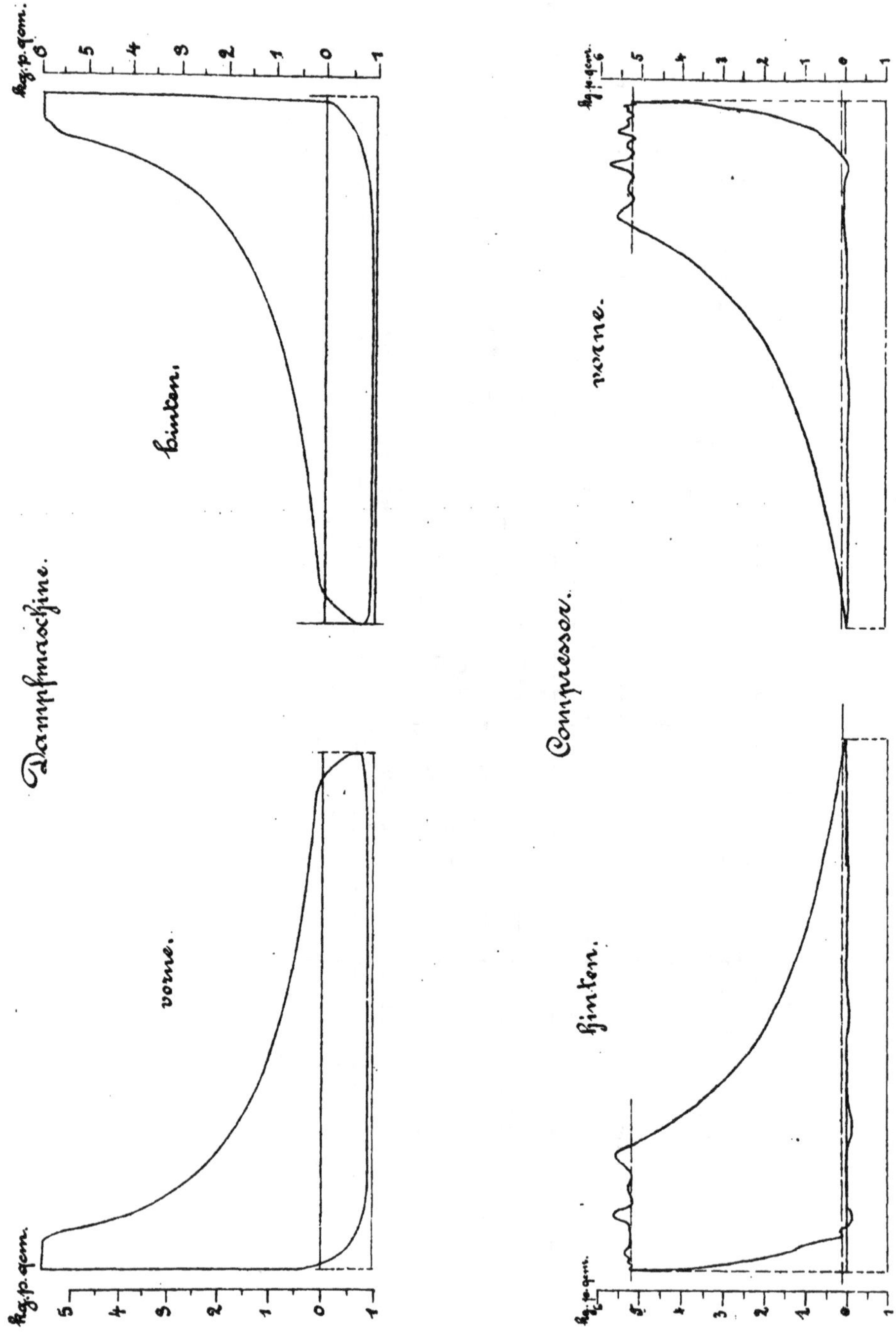

Tafel XX.

Versuch Nr. XX.

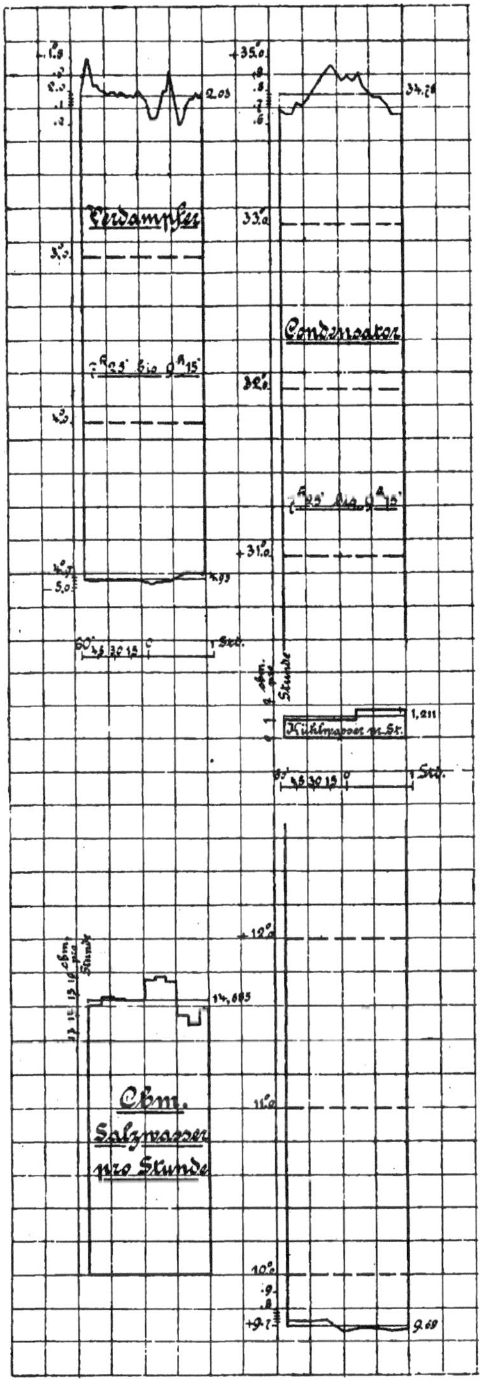

F. B. Obernetter, München.

Maschine Pictet

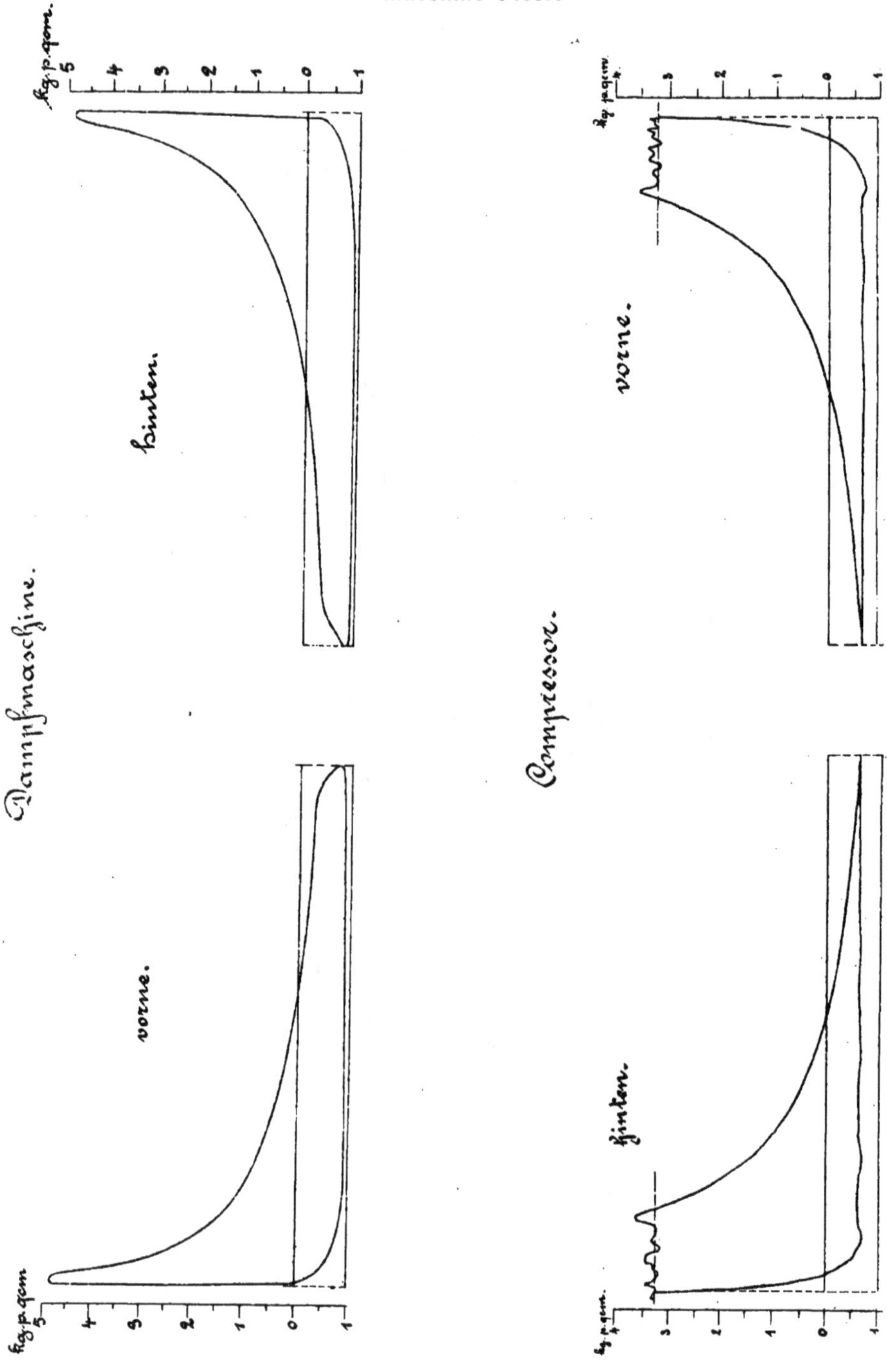

Versuch Nr. XXI.

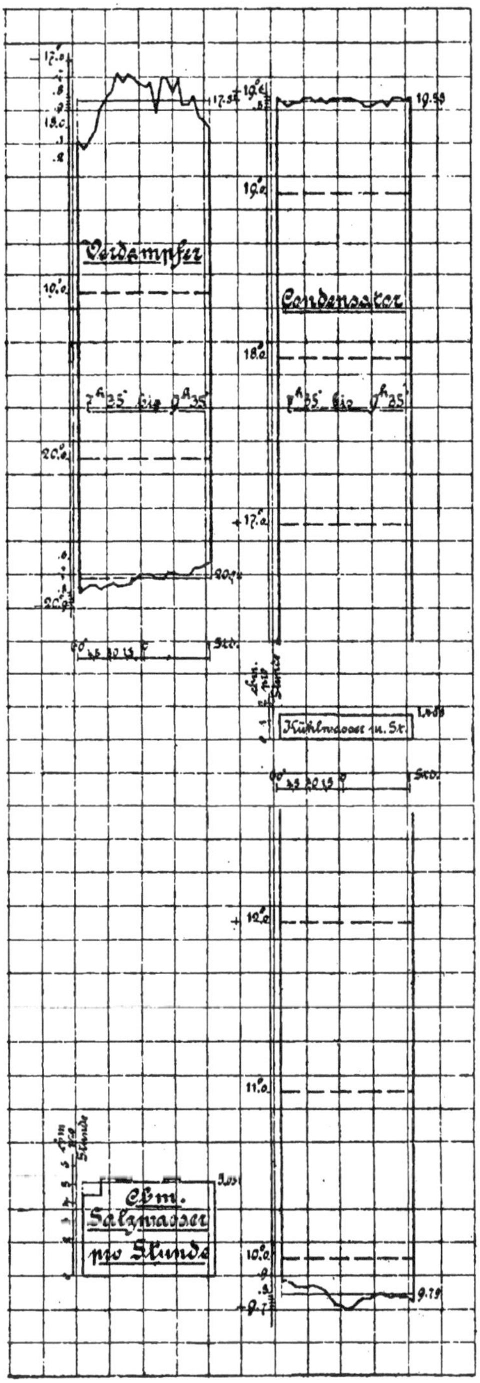

J. B. Obernetter, München.

www.ingramcontent.com/pod-product-compliance
Lightning Source LLC
LaVergne TN
LVHW081339011026
849161LV00013BB/2956
* 9 7 8 3 4 8 6 7 2 6 2 6 8 *